U0377703

Basic Sewing

女装
缝制工艺基础

上册

（韩）姜淑女 （韩）金京花 编著　张顺爱 译

东华大学出版社
·上海·

图书在版编目(CIP)数据

女装缝制工艺基础(上册) / (韩)姜淑女,(韩)金京花
编著;张顺爱译.—上海:东华大学出版社,2015.3
　　ISBN 978-7-5669-0637-3

　　Ⅰ.①女… Ⅱ.①姜… ②金… ③张… Ⅲ.①女服—
服装缝制 Ⅳ.①TS941.717

　　中国版本图书馆CIP数据核字(2014)第237510号

原版@2010年　(韩)姜淑女和(韩)金京花 编著
由韩国图书出版耕春社设计、制作和出版

译本@2015年　张顺爱 译　由东华大学出版社出版

本书由韩国图书出版耕春社版权持有人授权出版
版权登记号:图字09-2012-635号

责任编辑:谭　英
封面制作:J. H.

女装缝制工艺基础 上册

出　　　　版:东华大学出版社(上海市延安西路1882号,200051)
本 社 网 址:http://www.dhupress.net
天猫旗舰店:http://dhdx.tmall.com
营 销 中 心:021-62193056　62373056　62379558
印　　　　刷:苏州望电印刷有限公司
开　　　　本:889mm×1194mm　1/16
印　　　　张:14.75
字　　　　数:519千字
版　　　　次:2015年3月第1版
印　　　　次:2015年3月第1次印刷
书　　　　号:ISBN 978-7-5669-0637-3/TS・549
定　　　　价:37.00元

前　言

时尚产业是一个满足消费者需求的密集型产业，通过专业化、细分化致力于服装设计开发和营销战略，并在迅速地变化发展。服装是在商品企划中以材料和色彩为基本，以款式设计、纸样设计、缝制、营销策略等要素有机结合而完成的一个系统产业。特别是，纸样设计和缝制技术可提高服装设计的价值，同时也是评价服装的质量和决定消费者购买的重要因素。因此，纸样设计师和缝制技术师必须以创意多样的设计以及最适合日益发展的新材料的纸样绘制法和缝纫技术的不断开发，来面对流行趋势的变化。

本书研究了女装制作过程中关于服装结构的部分缝制的制作方法。

为了更方便地学习服装设计的细节缝制，并能够付之于实际应用，在本书下册书后附上了练习用纸样，以便裁剪和缝制练习；书中照片重点突出了制作过程的视觉化，以便读者能够简单、快速理解服装制作的基本内容，即人体测量及缝纫机使用法，基础缝制法，拉链、口袋、领子、袖子、垫布开衩、腰带等服装设计中各种细节的多种缝纫过程。

本书下册书后附录中提供了练习用纸样，以便练习裙子、裤子、衬衫、连衣裙、外套的基本设计纸样绘制法和部分缝制法。实习用纸样为实习的模型纸样，学习中可当参考资料使用。此外，书中有些部分内容会在以后被不断修改、完善。

为了该书的出版，韩国耕春社安敏雄部长给予了耐心关怀和许多帮助，在此表示衷心的感谢！同时，把这本书谨献给时时刻刻与我在一起的亲爱的父母。

最后，希望本书能够对服装类院校师生及服装制作爱好者有所帮助。

作者

Contents

目 录

PART_ **1**

测量、裁剪基础工具

1. 人体测量

1）量体准备

服装裁剪与缝制需要精确的人体测量，因此在量体前一些测量部位如颈围、肩宽、腰围等需做出准确的标记。不熟练者易出现偏差，而且初学者往往只测量必需的尺寸部分。

物品准备

皮尺、腰带、记录工具、纸等。

腰带：比腰围长5~10 cm，腰带中间嵌有醒目的标记线，测量时系于腰围处。

被测量者

被测量者穿紧身连衣裤或内衣裤（胸衣、塑身短裤），腰间系腰带，保持自然站立姿势。

测量者

仔细察看被测量者的测量部位，准确测量；仔细观察被测量者体型特征并及时记录。

体型左右无差异时以右半身为基准测量，若差异明显时左右都要测量，以供裁剪时作参考。

2）量体部位和方法

胸围（Bust Girth）

通过乳点水平围量一周，松紧适当，皮尺不要下垂，因肩胛骨突起，所以测量时需保持水平。

腰围（Waist Girth）

准备好的腰带经过腰部最细处围量一周，保持水平。

臀围（Hip Girth）

通过臀部最丰满处围量一周。腹部或大腿发达的体型，要估量其所需放松量。

中臀围（Middle Hip Girth）

在腰围与臀围中间的位置水平测量一周。参考臀部的形状，根据髋骨的大小和脂肪的多少测量。

肩宽（Across Shoulder）

从左肩端点经过后颈中点到右肩端点之间的距离。

背宽（Across Back）

测量背部左、右后腋点之间的距离。

胸宽（Across Front）

测量胸部左、右前腋点之间的距离。

胸点间距（Bust Point）

测量左、右乳点之间的距离。

背长（Center Back Length）

从后颈点到腰围之间的距离，皮尺松紧要适度。要观察颈部肌肉发达程度。

前长（Center Front Length）

从颈侧点开始经过乳点量至腰围线。通过前长和后长之间的差值，可以了解人体的特征。例如，胸部扁平且肩胛骨突起的体型，会前长小于后长。此外要注意挺胸体、驼背体、肌肉发达等体型。

胸点长（Bust Depth）

同侧颈测点到乳点之间的距离。

上裆长（Crotch Depth）

裤长减去下裆的长度，或端坐在座面与地面平行的椅子上，后腰围线到椅子座面的长度。

臀长（Hip Depth）

从侧面测量腰围线至臀围线之间的距离。

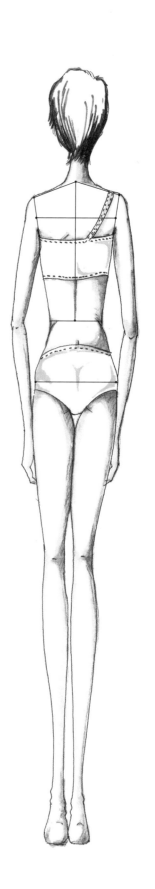

下裆长（Leg Length）

从大腿根部测量至脚踝骨的距离。立裆长是侧缝的长度减去下裆的长度（测量立裆长时量腰带中间到大腿根的距离。）。

袖长（Sleeve Length）

肩端点外端顺手臂到手掌根部的距离。

肘长（Elbow Length）

肩端点顺手臂至肘点的距离。

膝长（Knee Length）

腰围至膝盖骨中间的长度。参考膝盖长可决定短裙的长度。

裙长（Skirt Length）

从腰围量至所需的长度。裙长随流行趋势而变化。

裤长（Pants Length）

从身体侧面，腰部外侧测量经过膝盖至脚踝骨的长度。考虑皮鞋的高度量至各款所需长度。

3）测量记录表

测量日期	年　　月　　日	
姓　名		
测量项目	标准尺寸（cm）	我的测量尺寸
身　高	160	
胸　围	84	
胸 上 围	76	
腰　围	66	
腹　围	88	
臀　围	92	
背　宽	35	
胸　宽	33	
肩　宽	39	
胸点间距	17	
胸　高	25	
前　长	40	
背　长	38	
袖　长	58	
肘　长	29	
臀　长	18	
上　裆	26	
膝　长	56	
下 裆 长	67	

2. 制图及裁剪工具

进行服装裁剪时，要熟悉各种裁剪工具的名称与用途，并且要正确地选择与使用。

1）制图用具

形　状	名称	用　途
	直角尺	（1）按实物大小制图时使用 （2）制图时最常用的工具，因为有刻度，可以准确快速测量尺寸 （3）两边长度分别为75（cm）和35（cm）的直角尺
	弯尺	（1）用于画弧线 （2）长度为60 cm，有多种不同弯曲的形状
	直尺	长50~60 cm、宽5 cm、刻度0.5 cm的透明尺，画直线时使用。画固定宽度的缝份时使用
	袖孔尺	画曲线弧度比较大的线时使用，比如袖隆、领围等
	皮尺	（1）量身体或其他尺寸时使用 （2）长度一般1.5~2 cm，用布或塑胶制成
cm（厘米） inch（英寸）	比例尺	（1）用于绘制缩小比例图 （2）缩小的角尺、弯尺，有1/4、1/5等种类

形　状	名称	用　途
	点线轮	（1）复制纸板时使用 （2）齿轮转动自如，重心稳定为好 （3）手柄要牢靠，手握方便
	剪刀	（1）剪制图样板时使用。 （2）使用时与裁剪衣服用的剪刀区分

2）裁剪用具

型　态	名称	用　途
	画粉	（1）制图时，为标记缝合线时使用 （2）将粉饼削细一些，使画出的线又细又清楚
	铁凳	裁剪时为了固定衣片，纸板不移动而使用
	插针垫	（1）将针插入针垫，方便使用 （2）直径7 cm左右最适宜 （3）试缝时，直径4 cm为宜，反面装上皮筋，可套在手腕上使用
	大头针	（1）固定纸板或衣片时使用 （2）假缝的衣服试穿后，修正时使用 （3）大头针用于固定待缝合的衣片，使之对齐。带珠子的叫珠针

型　态	名称	用　途
缝纫针/机针 手针 手针	针	（1）缝纫针：分家庭用、工业用、特殊用途等种类。号数越大，针越大（针孔越大） （2）手针：手针分大、中、小，号数越大，针越细（小）
	纱剪	（1）剪线头时使用 （2）选择两个刀片紧密吻合的
	打孔器	打扣眼或打腰带孔时使用
	顶针	（1）做针线活时戴在手指上，将缝针顶过衣料 （2）也有皮革、赛璐珞材质的，一般选择宽1 cm左右且孔不深的金属制品为宜
	锥子	（1）在拉出领角、衣角或拆除缝合线时使用。 （2）一般使用头尖的，但毛织物不宜用头过尖的。
	镊子	（1）夹取线钉或车缝过程中使用 （2）镊头要硬，夹紧力要好，弹性要良好

型　态	名称	用　途
腈纶纱　　　棉纱　　　涤纶纱 丝线	线	选择与面料同材质的线，线的颜色要选择比面料的颜色稍深一些的
(1)　(2)　　(3)　(4)(5)(6)　(7)	压脚	（1）抽褶压脚 （2）缝针压脚 （3）卷边压脚 （4）单边压脚 （5）隐形拉链压脚 （6）缝制皮革、人造革时使用的压脚 （7）一般织物用压脚
	锯齿剪刀	（1）整理容易脱散的缝份或裁剪装饰用布片时使用 （2）也叫花边剪刀，21cm的长度为最适宜
	裁剪刀	（1）裁剪时使用。 （2）长为30 cm左右为宜 （3）两刀刃自始至终自然吻合，没有缝隙 （4）定期上油，维修
	磁石	对好缝份宽度，接所需的宽度缝合时使用。整理各种针类时使用

3）熨烫工具

形　　状	名　　称
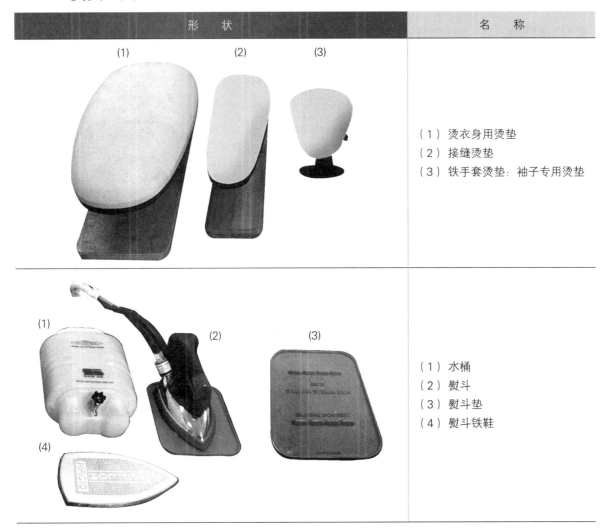	（1）烫衣身用烫垫 （2）接缝烫垫 （3）铁手套烫垫：袖子专用烫垫 （1）水桶 （2）熨斗 （3）熨斗垫 （4）熨斗铁鞋

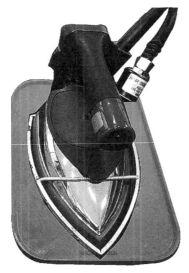

套上熨斗铁鞋放置在熨斗垫上的图样

PART_ **2**

基础缝制练习

1. 缝制前准备

梭芯绕线方法

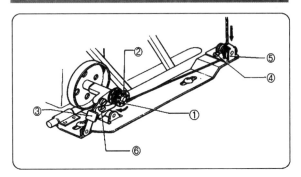

1）将梭芯①插入绕线转动轴②上。
2）按下满线跳板，使绕线轮与皮带接触。
3）缝线沿箭头方向在梭芯①上绕几圈后，开动机器。
4）线缠绕不均匀时，将拧开螺丝④后左右移动⑤调节。
5）为在梭芯上更多地缠绕线，拧紧调控螺丝⑥。

装底线的方法

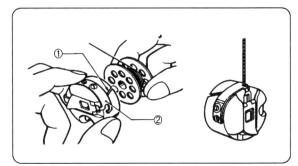

1）梭芯放入梭壳中。
2）将线通过梭芯套上的线槽①放入夹线簧②下面。
3）线从夹线簧下的线孔中引出。
4）将梭芯安装到旋梭的轴心上关上梭门盖。

梭壳（梭芯套）的装拆方法

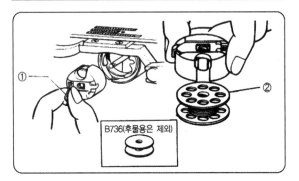

B736(후물용은 제외)

1）将针提起。
2）扳开梭门盖从凹槽中取出梭壳。
3）按下手柄可取出梭芯。
4）梭壳安装方法是如上述的逆过程。

装面线的方法

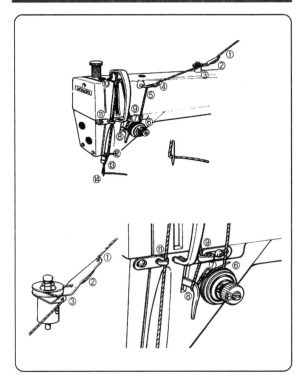

2. 基础缉缝线练习

（1）直线缝（缉直线）

（2）折角缝（长方形、三角形、五角形等）

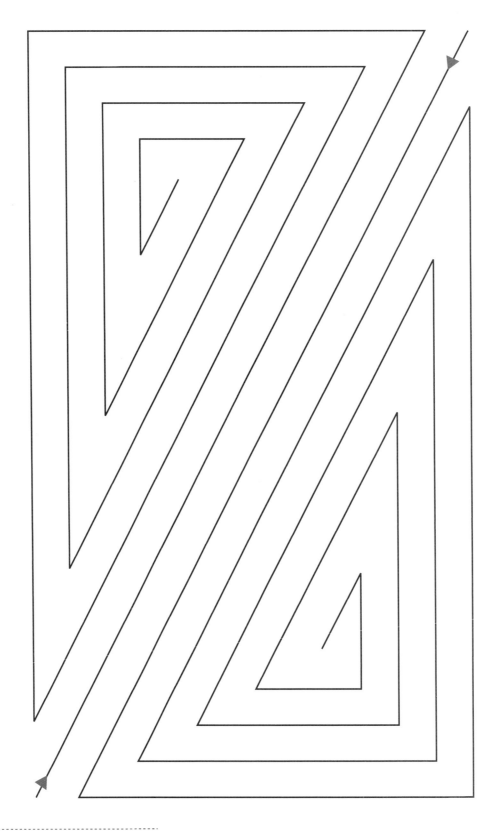

（3）明线迹（压缉缝）

（4）缉弧线

（5）缉圆线

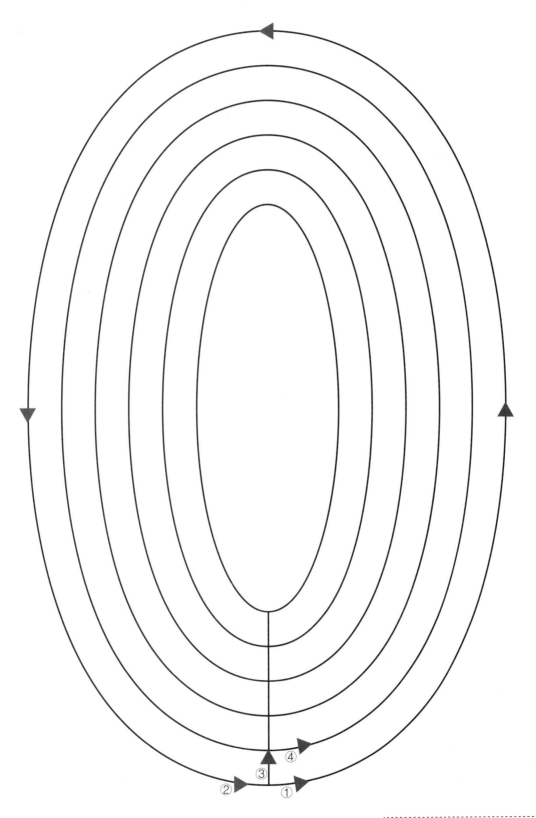

（6）缉凹凸曲线

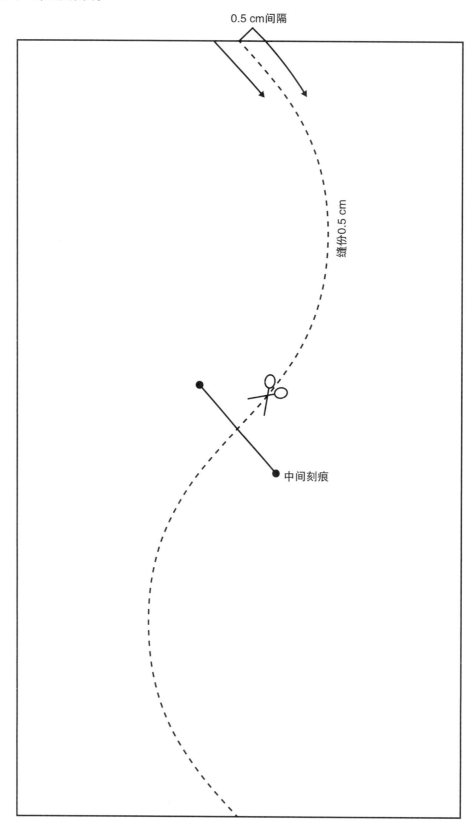

0.5 cm间隔

缝份0.5 cm

中间刻痕

（7）缉角线（沿虚线剪下）

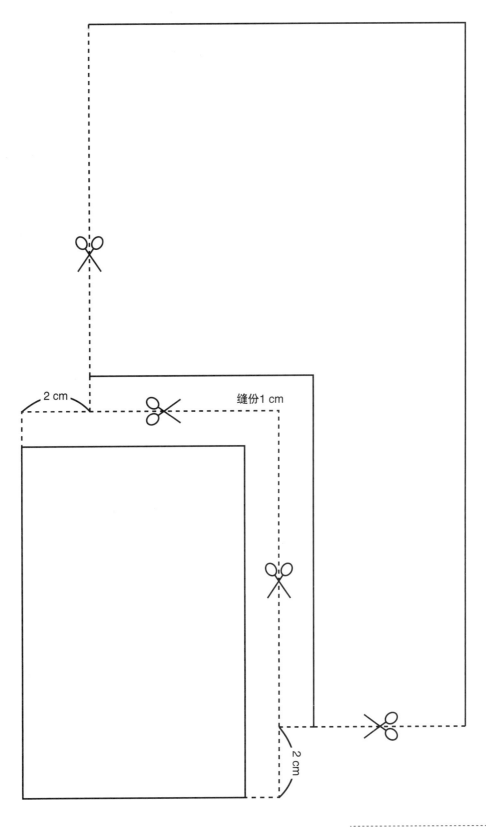

2 cm

缝份1 cm

2 cm

3. 基础手针工艺练习

（1）疏缝（挑缝）

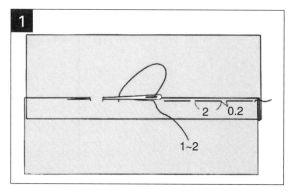

1　短针缝，间隔1~2 cm。假缝时使用，即将衣片一边的缝份折向另一衣片，缝缉而成。

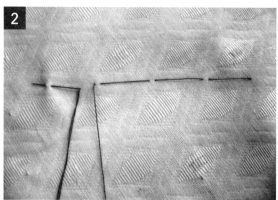

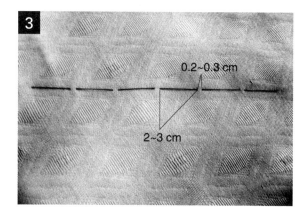

2、3　长针缝，间隔2~3 cm。

※本书为了视觉效果而使用彩色线，在实际操作中疏缝用棉线或缝纫线为宜。

（2）平针（Running Stich）

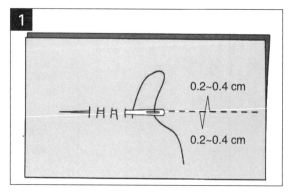

1　平针在缝合衣片或做褶裥时使用，针脚要窄，针距要均匀，正、反面要一致。做褶裥时，要缝两条平行的拱针，使得褶裥均匀。

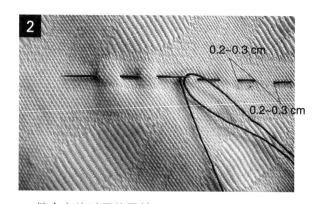

2　缝合衣片时用的平针。

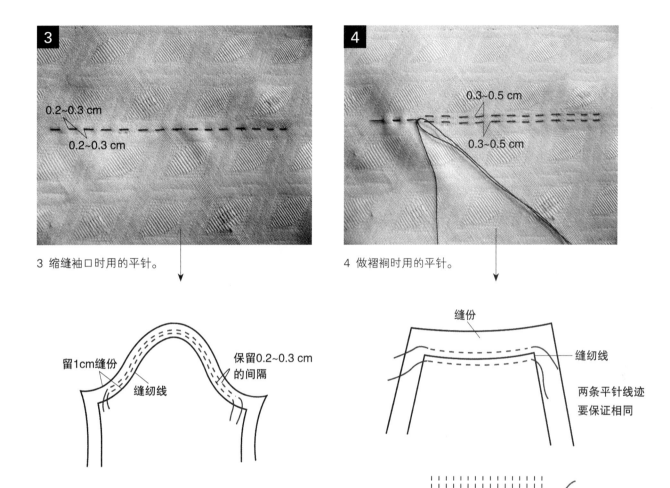

3 缩缝袖口时用的平针。

4 做褶裥时用的平针。

留1cm缝份
缝纫线
保留0.2~0.3 cm的间隔

缝份
缝纫线
两条平针线迹要保证相同

两条平针间距为0.7~1 cm，间距均匀时，皱褶才好看。

（3）打线钉

① 准备打线钉用的棉线。

1 准备好棉绞线。

2 用蒸汽熨斗将棉绞线烫平。

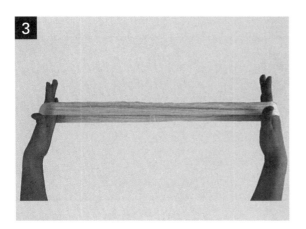

3 将棉线拉紧。

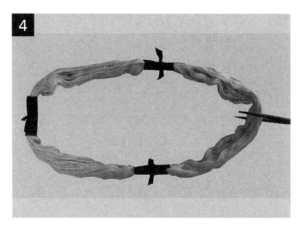

4 在两三处用布条包住，剪断。

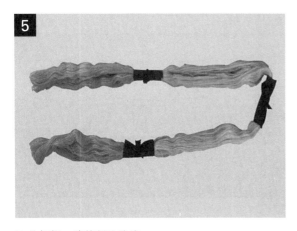

5 扎好将一端剪断的绵线。

6 使用时一根一根地拉出。

② 打线钉

在同时标示两片面料正反面（4面）的缝纫线时使用。

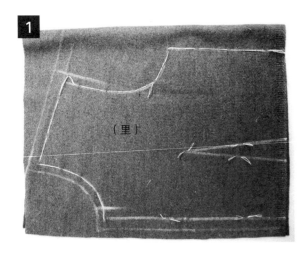

（里）

短针疏缝（领围、袖窿）

0.2cm（内）

4~5cm（外）

直线部位针距大，用长针疏缝
（如中心线、侧线、肩线）

1 将两层衣片按缝纫方向正面相对，上、下层对齐并平放在作业台上，纸样放在面料上面，用画粉画出缝纫线，按照裁剪粉印垂直下针并扎穿下层，直线部位用长针距，领口、袖窿等弧线部位用短针距。

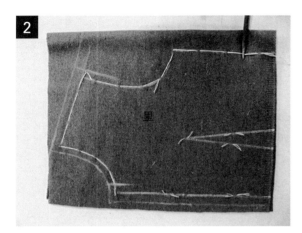

2 将疏缝后的缝线剪断。

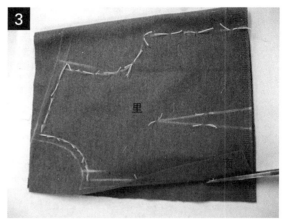

3 上下层叠齐的上层衣料与疏缝线成90°轻轻掀起，
并将上下衣料之间的缝线剪断（0.2 cm）。

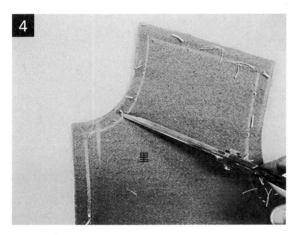

4 将衣料上留下的线头剪短整理。

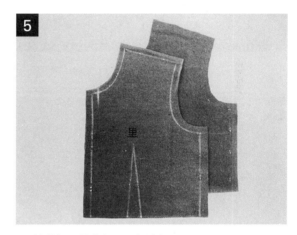

5 按模板（裁剪粉印）打线钉图。

③ 斜边粗缝

固定上衣里布、翻领轮廓线、袖里、袖面等两层以上的布且横竖方向不走型，使之牢固而采用的针法。缉合线成直角时，用垂直插针将布料固定。

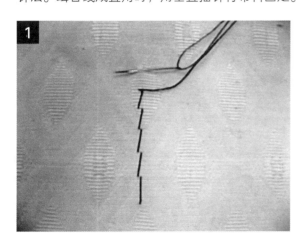

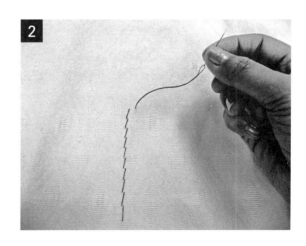

④ 扎针法

用板针法将里衬与西装领驳头固定时使用，线不易拉得过紧，这是反复使用板针法走针的方法。

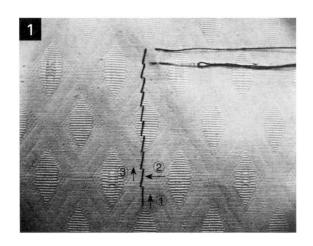

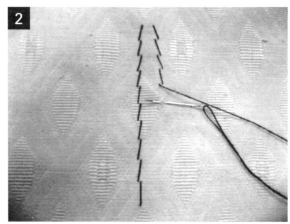

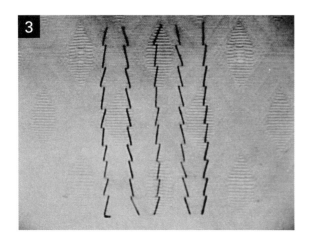

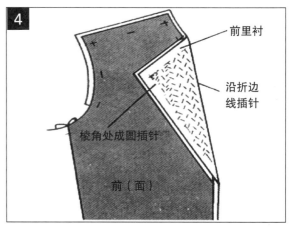

前里衬

沿折边线插针

梭角处成圆插针

前（面）

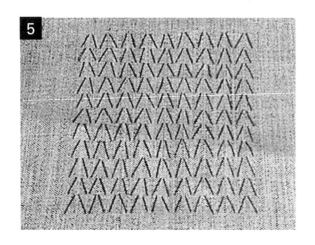

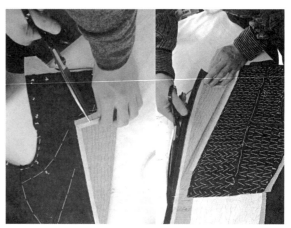

⑤ 卷边线迹

　　下摆或折边部分与布料表面缝合的一种方法。一般要求布料表面不露线迹时可挑起表层布料一两根布丝，要求缝合得牢靠时针可排深一些。拉线时不要拉得太紧，以免衣片卷起，表面要平整。

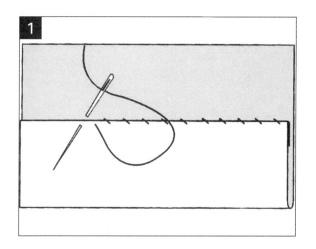

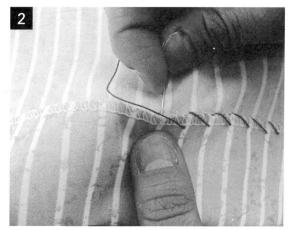

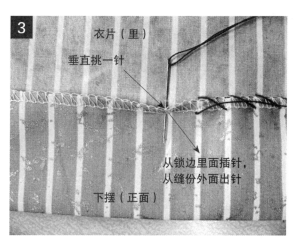

衣片（里）
垂直挑一针
从锁边里面插针，从缝份外面出针
下摆（正面）

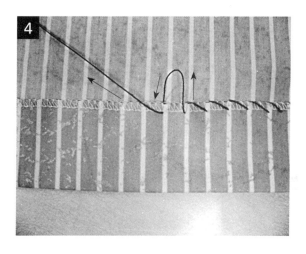

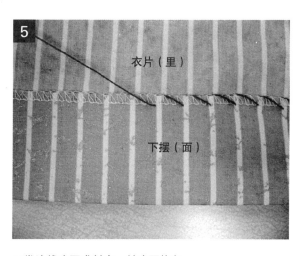

衣片（里）
下摆（面）

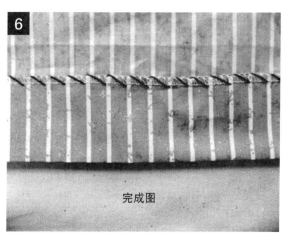

完成图

※卷边线迹要求斜度、针迹要均匀。

⑥ 撩针

撩针是一种很漂亮的针法，用于下摆或贴边的最后整理。撩针是在布料表面不露线迹的，只挑一针，较厚的布料可挑面料厚度的一半。布料里面，可挑1 cm左右稍长一点的针，线不要拉得太紧，注意布料表面要不露线迹，要平整。

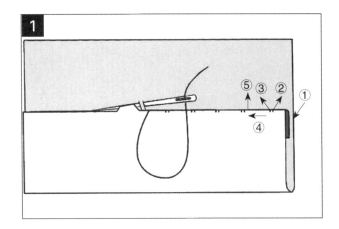

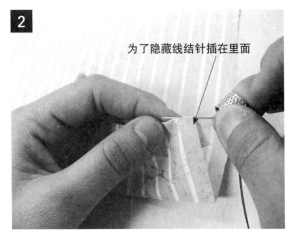

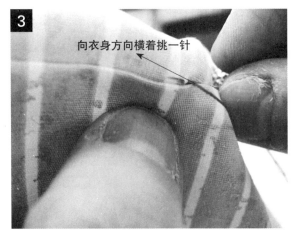

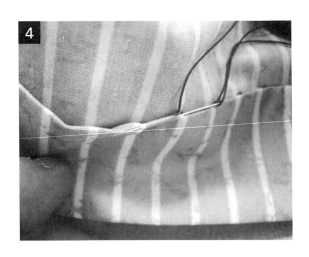

4　在下摆缝份的折边处插针、出针。

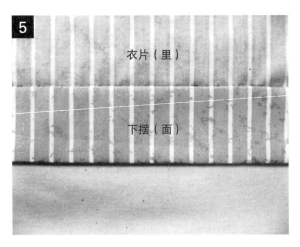

5　完成图。

⑦ 三角针

在易开线的毛质面料、褶裥裙边、加里子的袖口或袖边处理时使用，从左开始。固定装饰时也可使用。见下图**1**中，像5、4与9、8之间的上部分只挑一针，3、2与7、6之间的下部分针距为0.2~0.3 cm左右。横宽1 cm左右、纵宽0.5 cm左右。

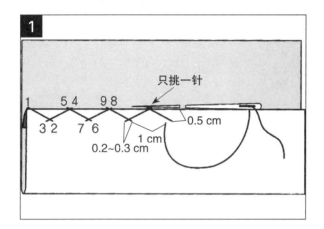

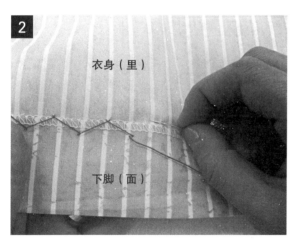

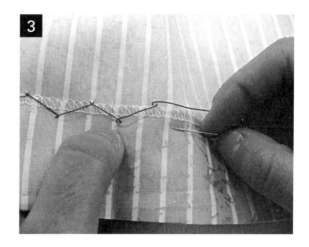

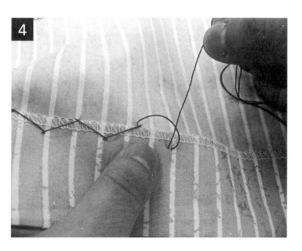

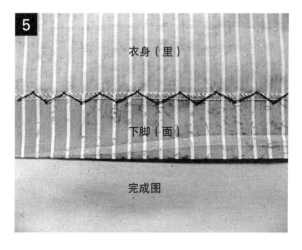

※三角针采用从左向右方向，利于操作。

⑧ 拉线袢

拉线袢可用于像袖窿、裙子底边里衬与衣身的连接固定，还可用于分离的两层衣服的连接，如裤袢、钮扣、接钩等。

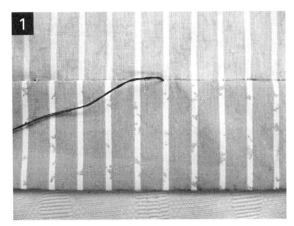

1　标注拉线袢的位置，准备两股线。

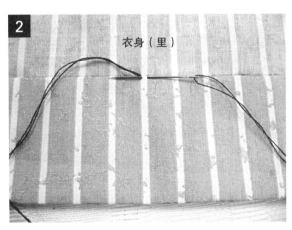

衣身（里）

2　在原地拱2~3针，固定牢靠。

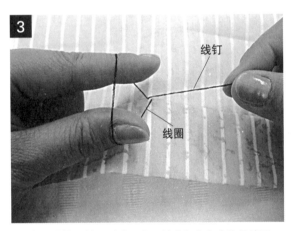

线钉

线圈

3　在原地拱一针，形成一个可放进拇指和食指的线圈。

底线

4　从线圈中拉出链式线，拉底线至需要的长度；最后做线圈。

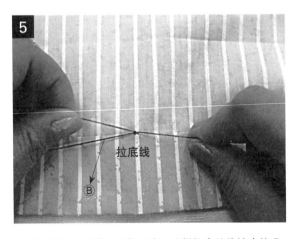

拉底线

B

5　拉B线时，底线一直拉到底，这样拉出的线袢才美观。

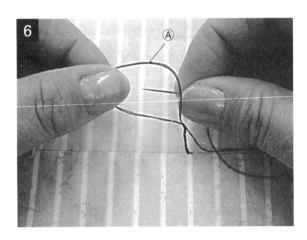

A

6　如此循环往复至需要的长度，最后将针穿进尾线圈内。

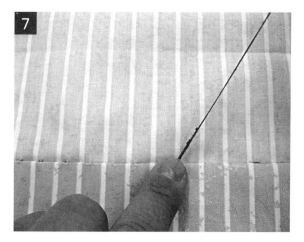

7 拉直后的线袢图。

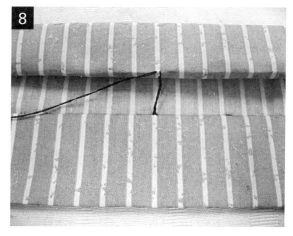

8 相连接的位置被牢牢固定，从面料的内部打结。

9 完成图。

4. 制作滚边条

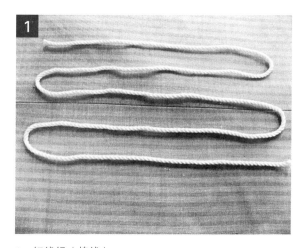

1 细线绳（棉线）。

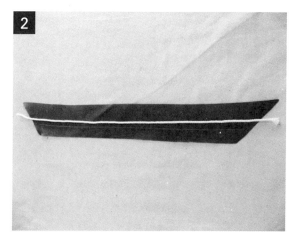

2 准备细线绳和斜布条。

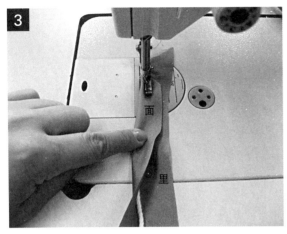

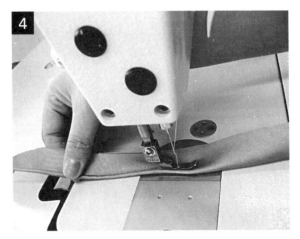

3 将细线绳放在斜布条的中间并包起来，用单边压脚紧靠细绳缉缝。

4 缉缝时，抓住斜条布两端，避免斜布条起皱。

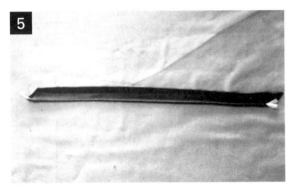

5 完成后的滚边条。

5. 做省缝

（1）省道（缝）A（普通厚度衣料）

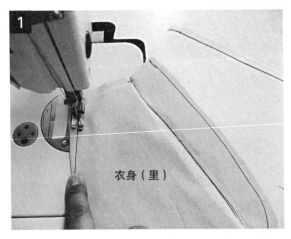

1 按照省中线对折，省根部上下层眼刀对准，由省底缉至省尖。

2 在省尖处留长线头，并做两次打结处理。

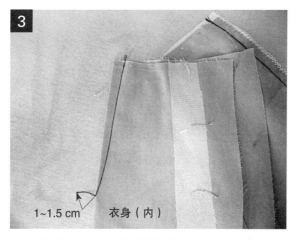

3 打结后留1~1.5 cm线头并剪短。

1~1.5 cm　　衣身（内）

注意弧线

（×）　　　（○）

※ 省道不能缉弧线避免省尖部位出现酒窝的现象，要尽量保持自然伏贴。

（2）省道（缝）B（普通厚度的衣服）

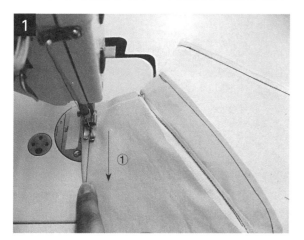

1 抓住省道两端，由省底缉至省尖。

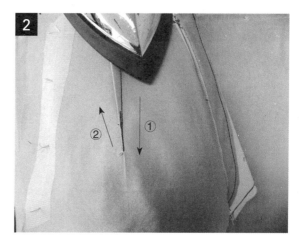

2 在省尖处打回针。

（3）省道（缝）C（较厚的衣服）

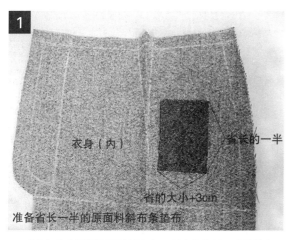

衣身（内）　　　省长的一半

省的大小+3cm

准备省长一半的原面料斜布条垫布。

1 准备与衣身面料相同的斜布条，长度为省长一半的垫布。

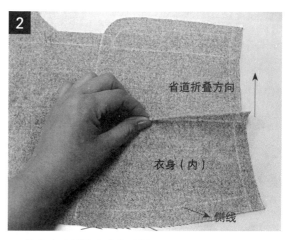

省道折叠方向

衣身（内）

侧线

2 将衣身面料按省中线对折。

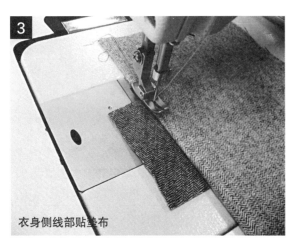

衣身侧线部贴垫布

3　将垫布上端与省中间对齐并与省一齐缉缝。

4　缉合后将省道烫平。

5　在紧靠垫布上端将省中间剪一个小口但不要剪断缉合线。

6　将省中间线剪至省中间小口的位置。

后中心线

7　将省道剪开的部分开缝烫平。

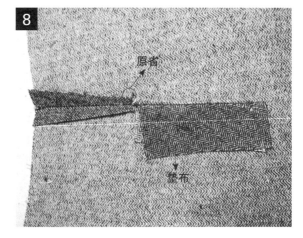

原省

垫布

8　省道上部分开缝烫平，省道下部倒向衣片中心，垫布倒向侧线并分开烫平。

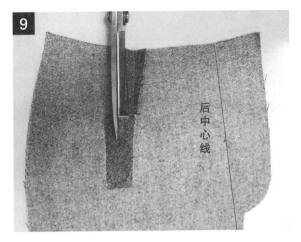

9 整理烫平后的垫布缝份。

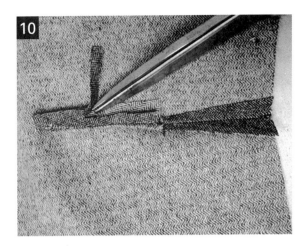

10 将垫布缝份剪成阶梯形。

11 省道完成图。

12 省道完成后的正面效果图。

（4）省道D（较厚的衣服）

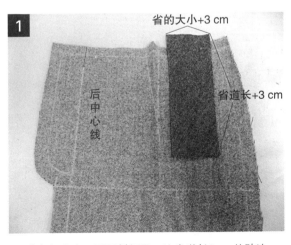

1 准备与衣身正面面料相同，比省道长3 cm的贴边
（非斜条布）。

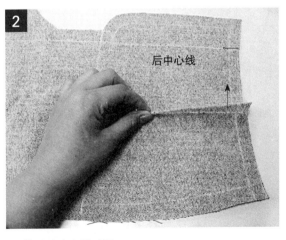

2 按照省中心线对折。

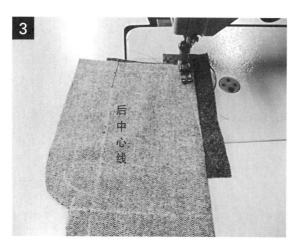

3 将垫布放在衣片下方与省一起缉合。

4 将省缝烫平。

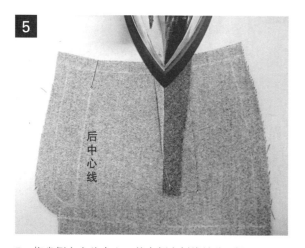

5 将省倒向衣片中心，垫布倒向侧线并分开烫平。

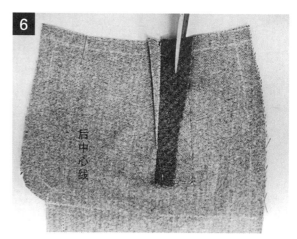

6 将垫布多余部份剪掉，缝份剪成阶梯状。

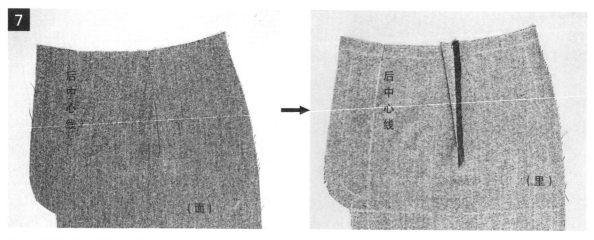

7 完成后的省正面和反面图。

6. 制作斜纱布条

（1）斜纱布条的制作

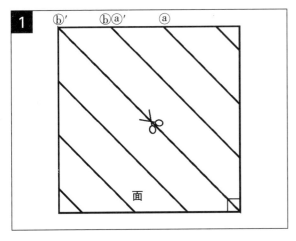

1 按45°对角方向裁剪面料。

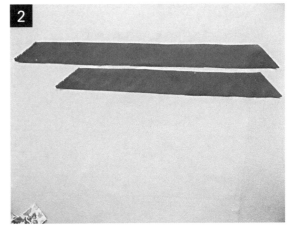

2 被剪后的面料形状。

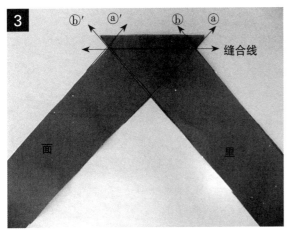

3 面料的正面相交叉，使得ⓐⓑ和ⓐ′ⓑ′形成的三角形形状相同。

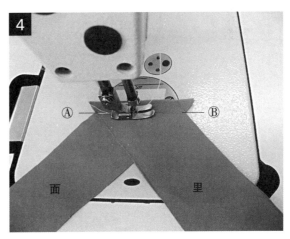

4 如图3所示完成后，沿Ⓐ、Ⓑ两端缝合。

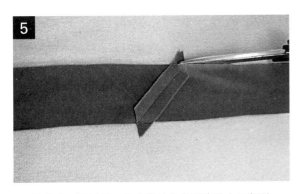

5 缝份分开熨平后，剪去斜纱布条两边的小三角形，整理斜纱布条的边线。

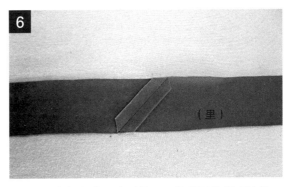

6 斜纱布条完成后的形状，可按所需的长度连接使用。

（2）斜纱布条滚包方法A（裙子下摆或上衣接缝处理方法）

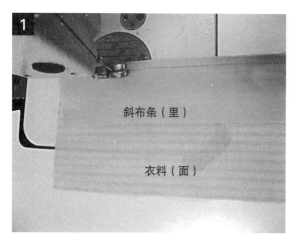

1 将滚条（斜纱布条）正面与衣片正面相对，沿边缘缉0.3~0.5 cm明线。

斜布条（里）
衣料（面）

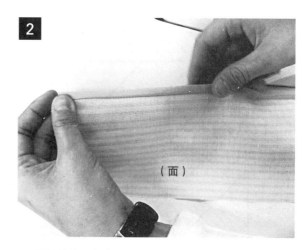

2 翻转滚条，包紧衣片的边缘。

（面）

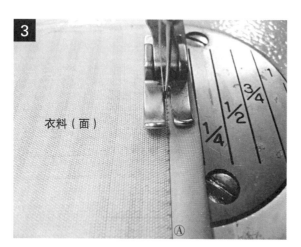

3 在衣片正面沿滚条缉合线Ⓐ缉合。

衣料（面）

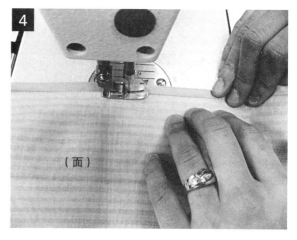

4 沿滚条缉合线缉合的实图。

（面）

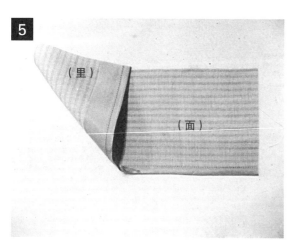

5 用斜纱布条将衣边边缘包缝后的正面与反面完成图。

（里）
（面）

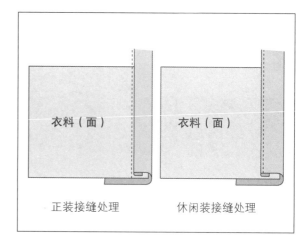

衣料（面）　衣料（面）
正装接缝处理　休闲装接缝处理

（3）斜纱布条滚包方法B（领围、袖孔处理方法）

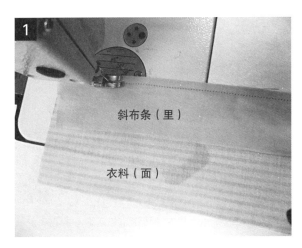

1　将滚条正面与衣片正面相对，沿边缘缉0.3~0.5 cm缉线。

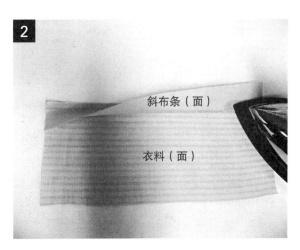

2　沿缝线将斜纱布（滚条）翻折烫平。

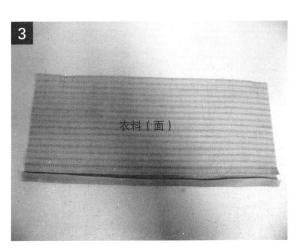

3　将滚条边缘翻折烫平。

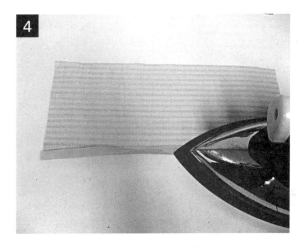

4　折烫后的滚条（斜纱布条）将缝份包住并烫平。

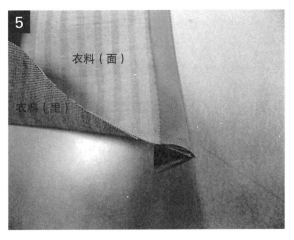

5　用滚条（斜纱布条）将缝份包住烫平后的效果图。

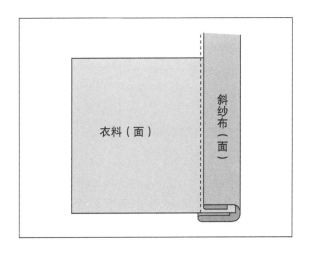

6　沿第一道缉线，将滚条边缘缉合。

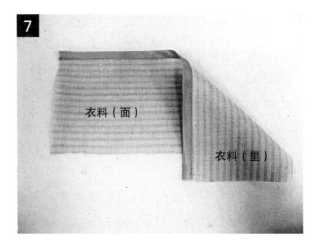

7　用滚条（斜条布）将衣片边缘滚包缉合后的正、反面图。

PART_ 3

缝型与缝制方法

1. 倒缝

　　缝是把裁好的衣片用缉缝的方法拼接起来。由缝构成衣服可以表现设计，形成立体感。要根据服装的款式、面料的种类、缝型的种类来确定缝份宽度。

　　倒缝作为最普遍使用的缝法，主要用于不太厚的化纤类、编织类等简单的休闲服或运动休闲服的接缝。

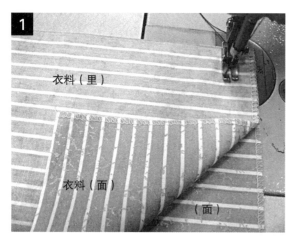

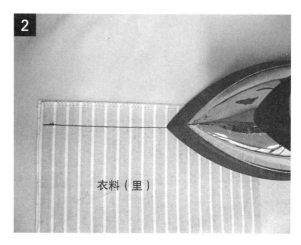

1　衣片正面相对，将两层衣料沿缉合线缉缝时上、下衣片保持相齐，不能错开。

2　烫缉线，使缉线平整，避免缉线起皱，保证缉线平滑。

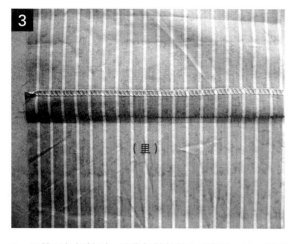

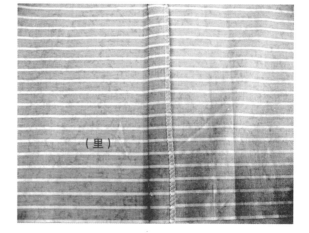

3　平缝后依据姓别、种类将缝份倒向指定的一边，烫平。

　　肩缝与侧缝的缝份倒向后边；背中心缝份，女性的倒向右边、男性的倒向左边（面料正面向上时）。

※依据面料厚度、服装种类设计切开线，依男女服饰，决定缝份处理方法和缝份倒向。

2. 分开缝

1）拷边后的分开缝

用于面料厚或比较厚的正装，其缉线均匀、顺直注重外形设计的服装也使用。

（1）拷边方法	（2）分开缝的方法

1　抬起压脚，将衣片放入拷边机上，缝份边缘与拷边机刀片末端相齐。

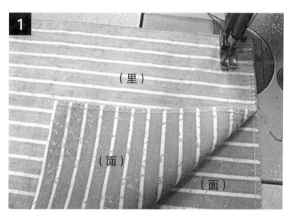

1　预留缝份大小，拷边后将衣片正面相对，沿缉合线缉合。

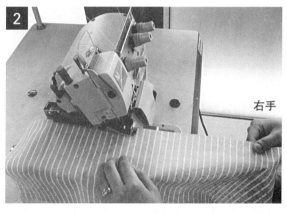

右手

2　将左手放在拷边机上面，使衣片不移动，右手调节方向，使缉线均匀整齐。

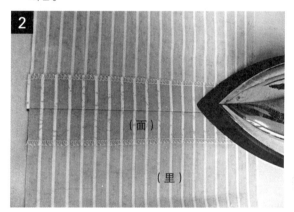

2　将缝份分开并烫平。

3　拷边作业图：拷边时缝份边缘被修齐，拷边过程中要调节速度和方向。

※拷边速度要匀速，注意衣片不要向前拉。

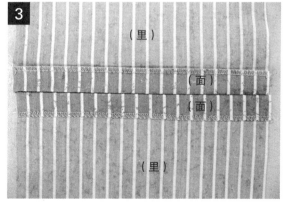

3　拷边后分开缝完成图。

2）折边后的分开缝

主要用于夹克、上衣、短风衣半里布或无里布的单层外衣。

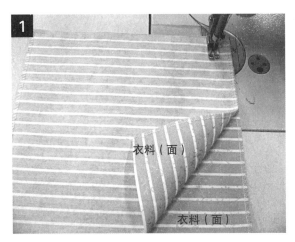

1 将衣片正面相对，沿缉合线缉缝。

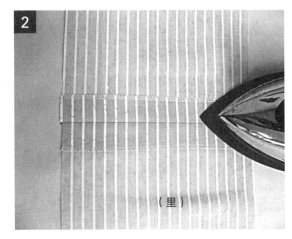

2 将缝份分开并烫平。

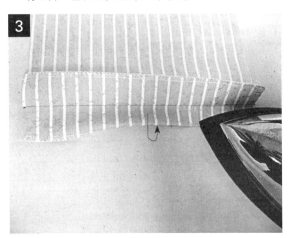

3 将缝份毛边向内折光烫平。

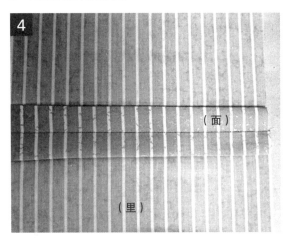

4 将缝份毛边折光后的效果图。

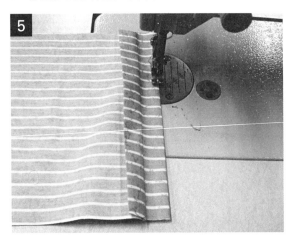

5 分别沿缝份两边缘缉0.2~0.3 cm以固定，注意缝份
   与衣片不要缉缝在一起。

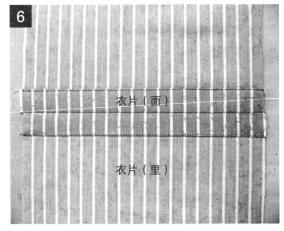

6 折边后分开缝完成图。

3）滚边分开缝

用于女衬衫、上衣等无里布的夏季单层外衣。

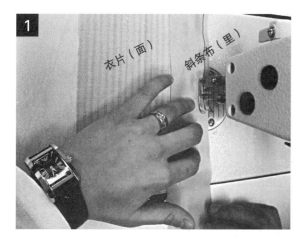

1　斜条布（正面）与衣片（正面）相对，沿边缘缉合。

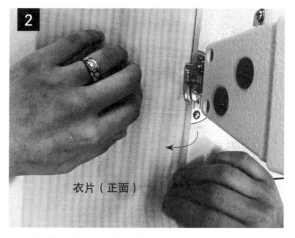

2　将斜条布翻折，包住缝份边后缉合。

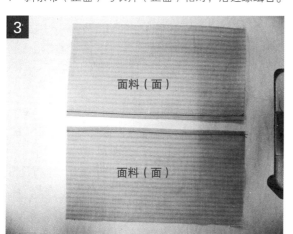

3　缝份边用斜条布包边后的示意图。

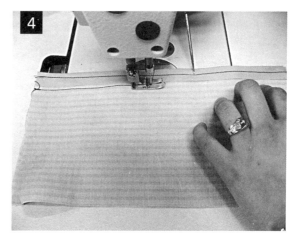

4　两层衣片正面相对，沿缉合线缉缝。

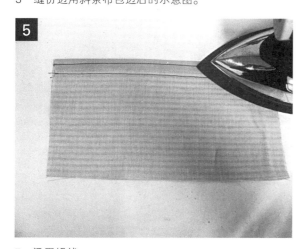

5　烫平缉线。

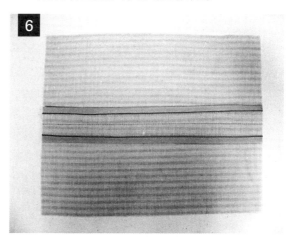

6　将滚边缝份分开并烫平的完成图。

3. 法式缝（来去缝）

主要用于薄面料接缝的处理，比如像丝光棉、雪纺绸之类面料做的女衬衫、连衣裙、短裙等的接缝处理。

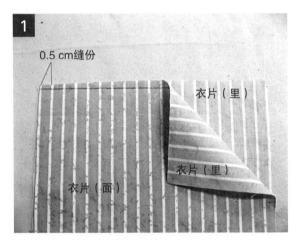

1　将衣片反面与反面相对，在正面标注0.5 cm缝份。

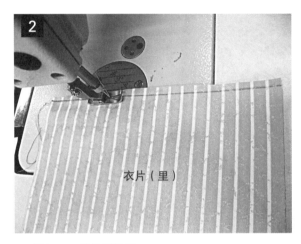

2　沿0.5 cm缝份线缉缝。

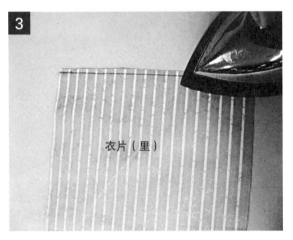

3　将缉线烫平整。

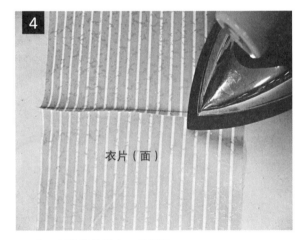

4　在正面将缝份倒向一边烫平。

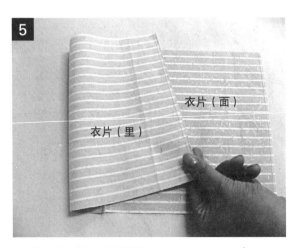

5　将衣片正面与正面相对。

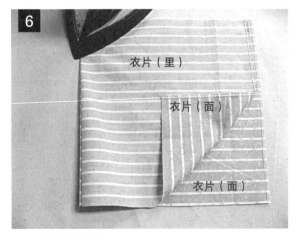

6　衣片沿缉线烫平。

7　正面相对后的缝份模样。

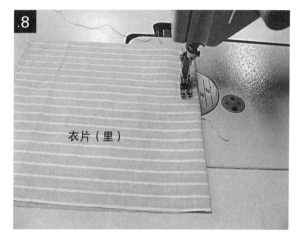

8　正面相对后缉1 cm缝份。

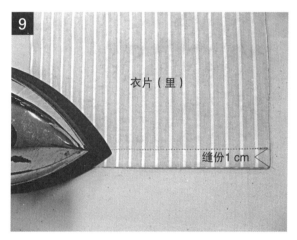

缝份1 cm

9　烫缉线。

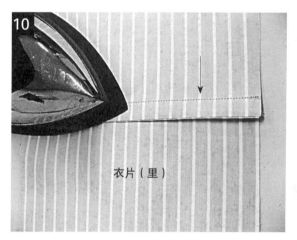

10　将缝份倒向一边烫平。

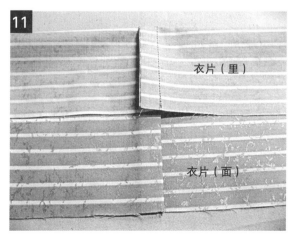

11　法式缝正面、反面效果。

4. 明包缝

明包缝是缝型中最牢靠的方法，主要用于休闲装、工作服、运动服、男式衬衣、牛仔衣类。有向内折光包缝的方法和向外折光包缝的方法。

1）明包缝（向内折光包缝方法）

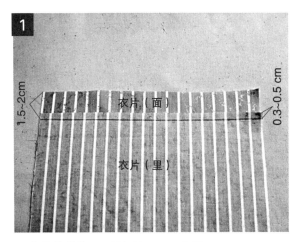

1 标注缝份线，下层包转1 cm，上层0.3 cm

2 沿标注的缉合线缉缝。

3 将缝份倒向较宽的缝份方向并烫平。

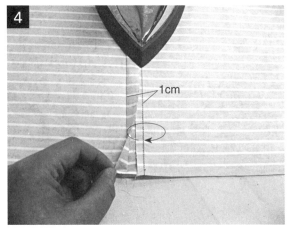

4 将宽缝份边折光包住窄缝份边并烫平。

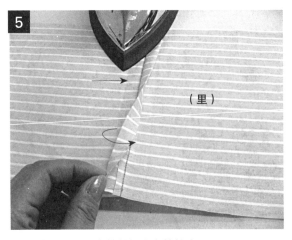

5 折半烫平后的宽缝份倒向窄缝份边。

6 长缝份包短缝份图。

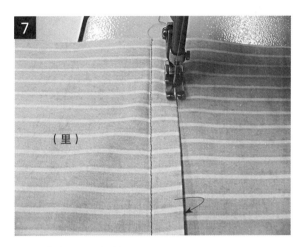

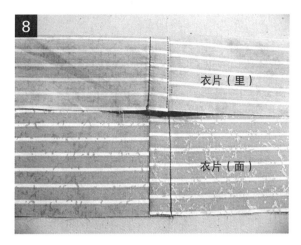

7 沿边缘0.2 cm缉缝。

8 明包缝完成图。

2）明包缝（向外折光包缝方法）

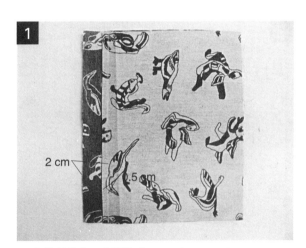

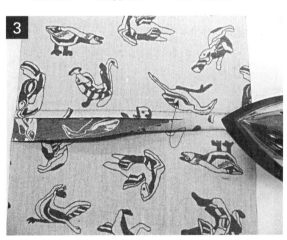

1 包缝缝份上下分别剪成0.5 cm与0.2 cm宽。

3 将2 cm缝份折半包住0.5 cm缝份并烫平。

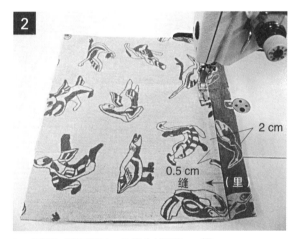

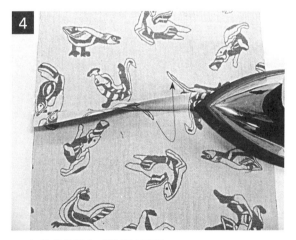

2 反面与反面相对，沿缉合线缉2 cm缝。

4 包住缝份后向对侧折转烫平。

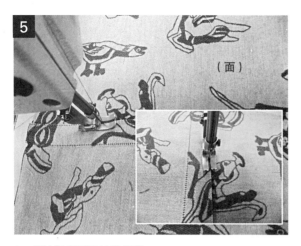

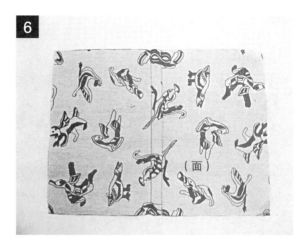

5 折转烫平后沿边缘缉缝。

6 在正面沿边缘缉两条缝后的完成图。

5. 嵌缝

　　嵌缝常用来突出休闲装、运动装缝份的笔挺，具有立体感装饰效果的裤子侧缝、夹克、运动装中可常见到。

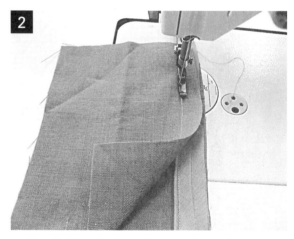

1 将嵌条放置在衣片正面，用单边压脚沿缉合线缝。

2 将两衣片正面相对，沿第一道缉线再缉缝。

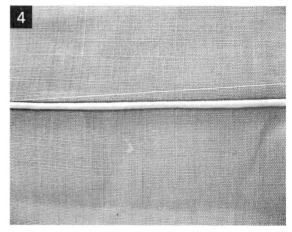

3 衣片与嵌条缉合后将上面的衣片翻转烫平缝线。

4 嵌缝完成图。

PART_ 4

扣眼制作，钉钮扣

1. 开扣眼

1）扣眼的大小和位置

扣眼分为平头与圆头两种。扣眼的大小等于钮扣的大小（直径）加上钮扣的厚度，多角形钮扣的扣眼大小为多角形钮扣的对角线长。

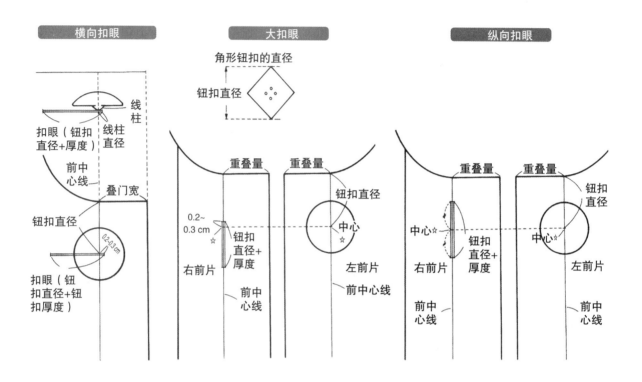

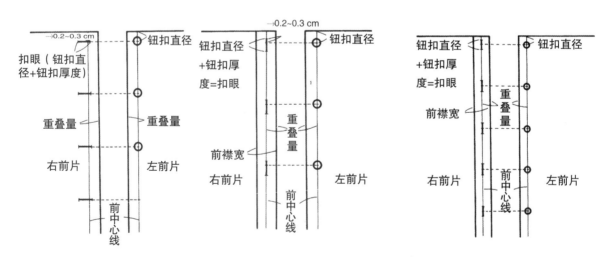

2）圆头眼

扣眼的一端开小眼，系扣后使得线柱保持直立，缝线与面料的颜色相同。圆头眼常用于上衣、大衣、夹克等。男装在左边，女装在右边。

（1）开扣眼

标注扣眼大小，按锁眼宽度向处缉针距为1.2 mm左右。用打孔器在圆头中心处钻孔，由此剪开扣眼宽度。也可从扣眼尾端向圆头方向剪开，剪至圆头处如图斜剪成小三角。易脱散的衣料最好缝两遍，缝合时贴布边一起缝合。

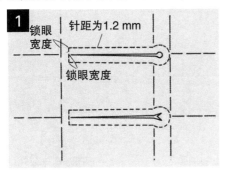

（2）扣眼锁边

用与衣片颜色相同的线如图所示锁边缝时，留适当的长度在扣眼周围打线结，线结在扣眼尾端用珠针固定，然后将剪开的地方进行锁边缝。

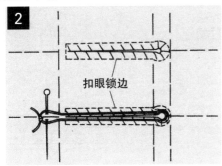

（3）锁扣眼

圆头眼放置在左边，并将扣眼锁边。针尖朝向身体，将针插入扣眼从缉缝线拉出，线从左向右回转，从针下面穿过。从右向左缝，针迹要均匀而且紧密。

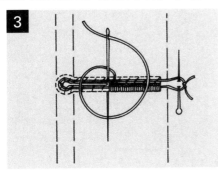

（4）锁圆头眼

圆头眼四周用同样的方法锁边，锁边时线迹要均匀，一面结束后，将衣料边转边缝，缝成扇形。

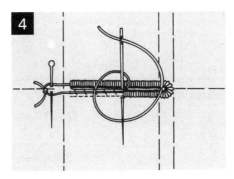

（5）尾部打结

另一面锁边完成时，在锁边开始的地方如图所示反复缝几针，针脚锁长一些，缝至反面。

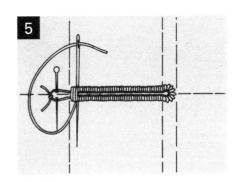

（6）收尾

上面稍长的针脚再横向缝，将其包位，从里面打结，线头引入夹层内收尾。

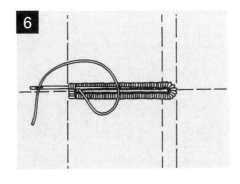

2. 钉钮扣

（1）钉扣线用锁扣眼线较合适，也可在与衣料相配的范围内选择结实一点的扣眼线。如下图所示，钉扣时，在衣料与扣子之间做线柱。为了在系扣时美观一些，线柱要比衣服前襟的厚度稍高一些，绕线柱要紧一些。

（2）钉上衣或大衣扣子时衣料受力较大，所以衣片反面垫上衬垫钮扣，增加牢度。

（3）钉暗眼扣时，线柱不立。

（4）钉装饰扣不用绕线柱，要贴着衣服钉即可。

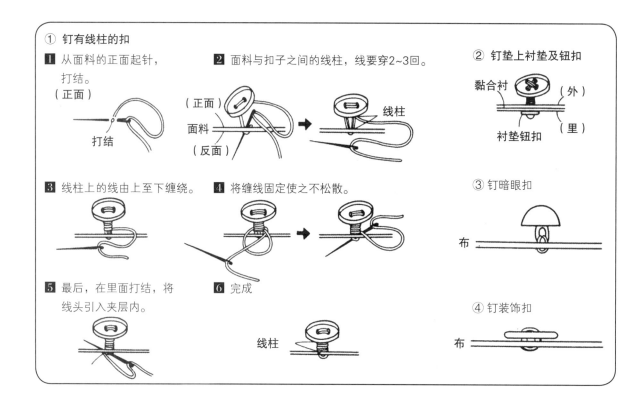

① 钉有线柱的扣

1 从面料的正面起针，打结。（正面）

打结

2 面料与扣子之间的线柱，线要穿2~3回。

（正面）
面料
（反面）
线柱

② 钉垫上衬垫及钮扣

黏合衬
（外）
（里）
衬垫钮扣

3 线柱上的线由上至下缠绕。

4 将缠线固定使之不松散。

③ 钉暗眼扣

布

5 最后，在里面打结，将线头引入夹层内。

6 完成

线柱

④ 钉装饰扣

布

PART_5

拉链安装方法

1）各种拉链的结构与名称

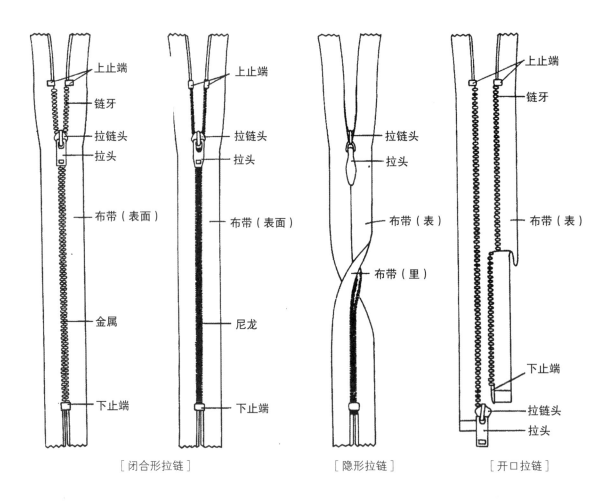

[闭合形拉链]　　　　　　　[隐形拉链]　　　　　　　[开口拉链]

（1）闭口拉链（普通拉链）

普通拉链用在裙子和裤子等前中心线、后中心线或袖头，也用于装饰，料质多为金属或合成树脂。金属拉链用于牛仔类服装，因为链牙是金属，所以按照开口的长度而制定拉链的长度，作为装饰两边的布带较宽。拉链的长度一般为15~28 cm。

（2）隐形拉链

隐形拉链指拉链闭合时看不到链牙的一种拉链。主要用于晚礼服、鸡尾酒礼服、连衣裙、短裙、裤子等不影响衣服的外观效果的服装。裙子和裤子用拉链长一般为18~20 cm，连衣裙和礼服的拉链长一般为55~65 cm。

（3）开口拉链

开口拉链用于开口可以完全分开的夹克、坎肩、裙子等。开口拉链主要以衣服的拉链开口长为基准而选择长度。

2）拉链安装方法

（1）普通拉链

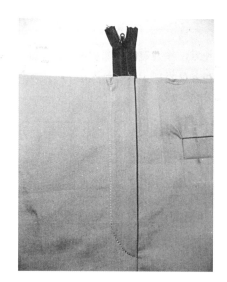

普通拉链安装效果

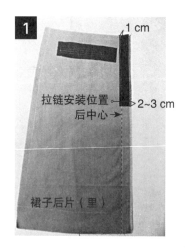

1 cm

拉链安装位置
后中心 ←→ 2~3 cm

裙子后片（里）

1　黏贴衬布，要比安装拉链的
　　位置长2~3 cm。

拉链安装位置

2　衣片正面与正面相对，安装拉链
　　部分除外沿后中心线缝合衣片。

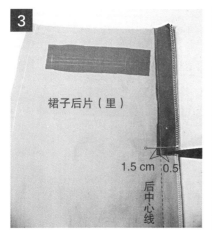

3 在拉链安装位置下方1.5 cm，距缝缉线0.5 cm处打剪口。

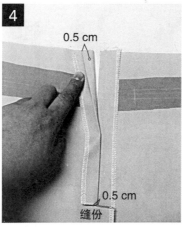

4 将上面剪开的缝份折转烫平（0.5 cm缝份）。

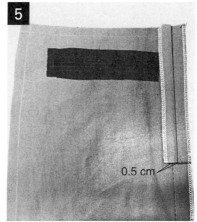

5 转折烫平后的衣片反面图。

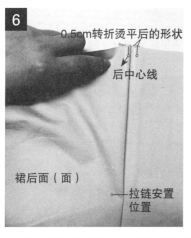

6 在向正面翻转折0.5 cm并熨平后的缝份下方与标记好的拉链位置的中心线相对，0.5 cm的缝份相叠熨平。

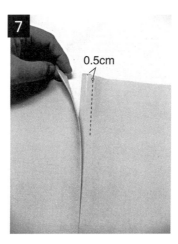

7 折转烫平后的拉链中心线。

8 准备拉链，在拉链下端往上2~3 cm处用画粉标注拉链安装位置。

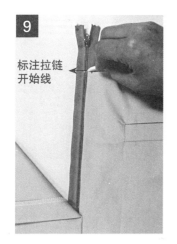

9 拉链下端线与衣片开口处对齐后，确定拉缝上端与衣片对齐的缝合位置，画线标注。

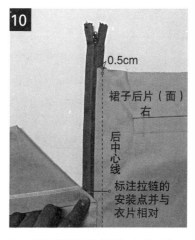

10 拉链安装的始末端与衣片对齐。

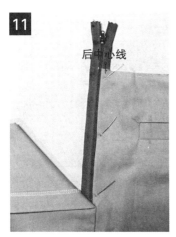

11　用大头针将拉链固定。

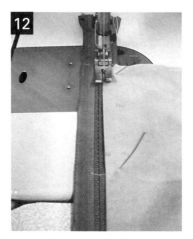

12　将压脚一面放在拉链上面沿边缉0.2 cm的止口线。

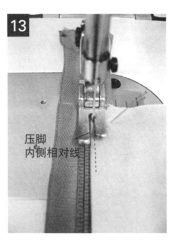

13　沿边缉缝图。
压脚内侧与衣片折转烫平后的边缘对齐，距边缘0.1~0.2 cm处缉止口线，缉缝时压脚内外两脚高低不平，注意内侧压脚不要向外偏离。

14　拉链一侧缉缝后的正面图。

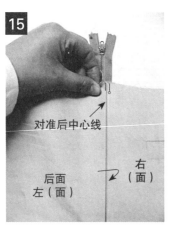

15　将折转烫平左衣片放在右衣片的上面，重叠0.5 cm对齐。

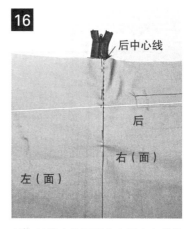

16　对准衣片正面左右后中心线并用大头针固定。

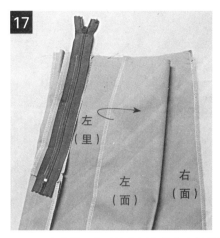

17 用大头针固定后的左侧衣片向右侧翻折，左侧衣片安装拉链部分的缝份与拉链另一侧对齐。

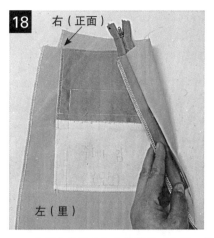

18 左侧衣片缝头与拉链缝头对齐后，缝份平整、伏贴，便于缉缝。

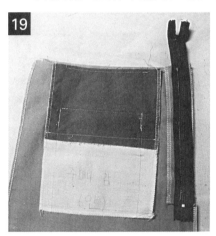

19 左衣片与拉链缝份平整后的效果图。

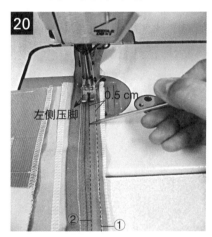
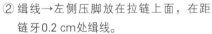

20 ①缉线→压脚与拉链边缘对齐缉缝，缝线距拉链布边约0.5 cm，将拉链固定。
　②缉线→左侧压脚放在拉链上面，在距链牙0.2 cm处缉线。

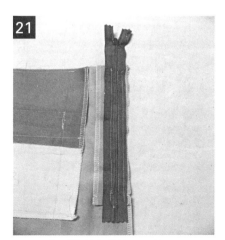

21 一般型拉链安装的反面图。

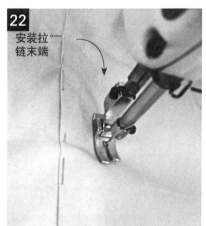

22 在衣片正面，拉链末端需缉来回针加以固定，再沿拉链缉缝至腰线进行固定。

（2） 隐形拉链

安装隐形拉链效果图

练习准备

附录2 page 17
► 后衣片纸板、连衣裙隐形拉链。贴布

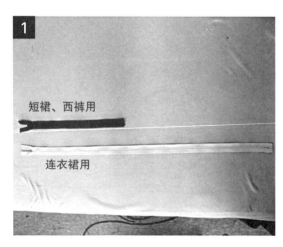

短裙、西裤用

连衣裙用

1　准备隐形拉链。

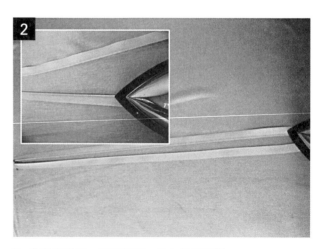

2　将拉链分开，熨平链牙，换上单脚压脚。

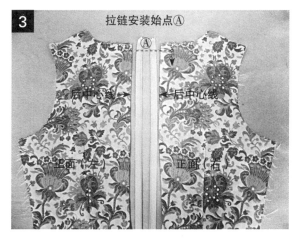

3 确定后中心线安装拉链的位置，其余部分缝合。缝合后分开缝份烫平，对准后颈点缉线标注拉链起始位置Ⓐ。

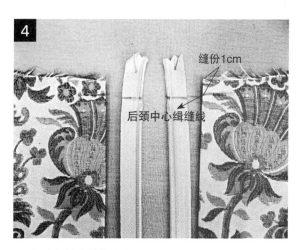

4 标注拉链安装始点的图示。

5 拉链起点Ⓐ与衣片后颈点Ⓑ对齐。

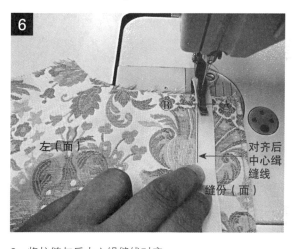

6 将拉链与后中心缉缝线对齐。

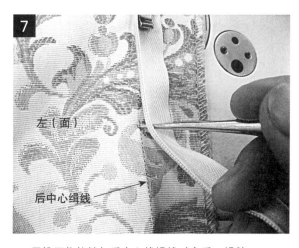

7 用锥子将拉链与后中心线缉线对齐后，缉缝。

8 缝合后的拉链一侧与衣片对齐，用画粉做标记。

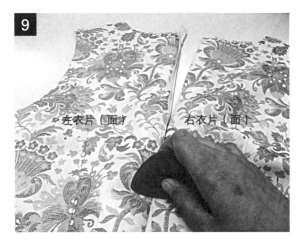

9 将左侧衣片标示出的标记，在右侧衣片对应位置上
   做出记号。

10 拉链对好做出标记后的效果图。

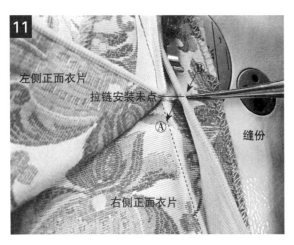

11 将右侧缝份拉链安装末端Ⓐ与拉链末端Ⓑ用锥子正
    确固定在起点。

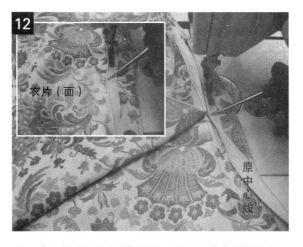

12 在衣片（正面）的标记点（图10）与拉链标记点
    用锥子固定后缉缝，安装拉链。

13 安装完拉链后，将拉链头向衣片方向拉出来。

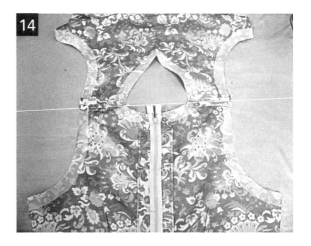

14 隐形拉链安装后的效果图（反面）。

（3） 有门襟的裤拉链

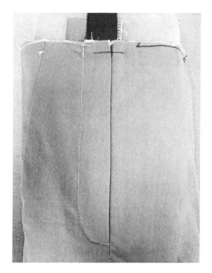

门襟裤拉链安装后的正面图

练习准备

附录2 page 18

▶ 裤子前片纸板，一字型拉链，贴布

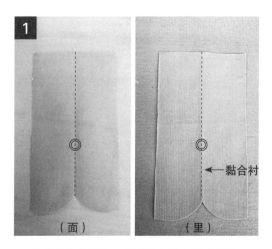

1　准备裤拉链里襟，反面附有黏合衬以备用。

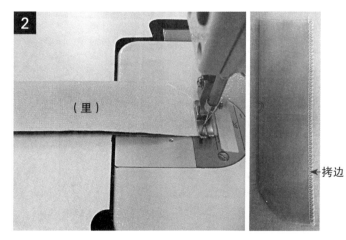

2　缉线缝合里襟底边，翻转后，在正面作拷边处理。

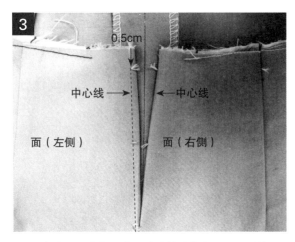

3　沿离裤子（左侧）中心线向缝头偏出0.5 cm的线翻折烫平。

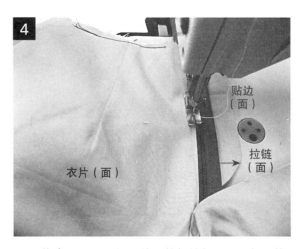

4　沿偏出0.5 cm的烫平线无缝拉链与里襟一起缉缝固定。

5　左侧中心线与右侧前中心线相对齐，并用大头针固定。

6　用大头针固定后的前中心线效果图。

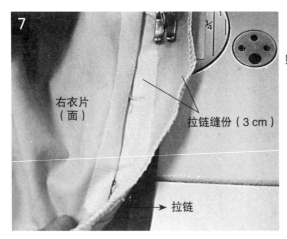

7　在右侧衣片反面，拉链布边与衣片缝份对齐缉合。

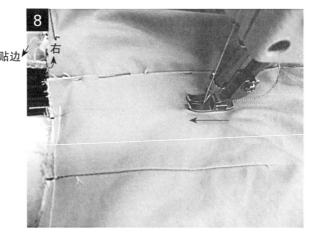

8　固定大头针不动，把拉链贴边折转缉线反方向，在门襟正面拉链安装止点处车缝加固，并从拉链底端向腰口方向缉门襟明线。

PART_ **6**

口 袋 制 作

PART_ 6

1. 贴袋

1）单贴袋

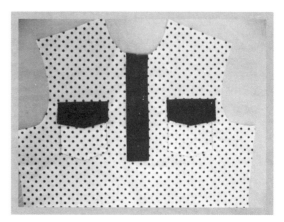

练习准备

附录2 page 19　▶ 口袋纸板

附录2 page 41　▶ 前衣片纸板，贴布黏合衬布

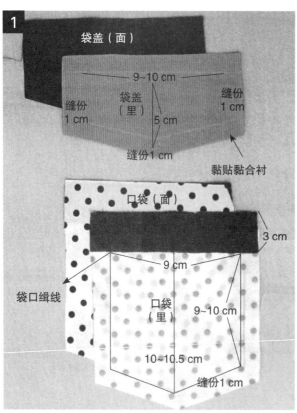

袋盖（面）

9~10 cm

缝份
1 cm
袋盖
（里）

缝份
1 cm

5 cm

缝份1 cm

黏贴黏合衬

口袋（面）

3 cm

9 cm

袋口缉线

口袋
（里）

9~10 cm

10~10.5 cm

缝份1 cm

1　准备口袋布和袋盖布。
　　袋盖布反面和口袋布距袋口3 cm缝份处黏贴黏合衬。

※ 黏贴黏合衬位置因布料种类不同而不同。

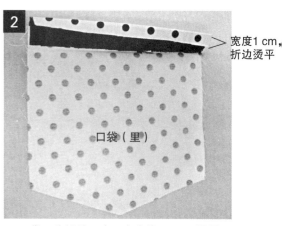

宽度1 cm，
折边烫平

口袋（里）

2　袋口处折转一次，宽度为1 cm，烫平再
　　折转一次，宽度2 cm并烫平。

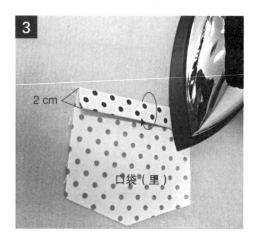

2 cm

口袋（里）

66 | Basic Sewing for women's clothes

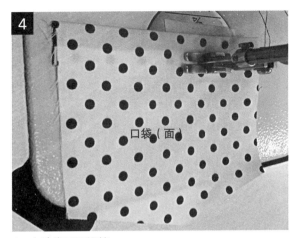

4　在贴袋正面缉缝。

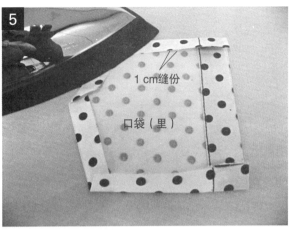

5　将口袋周边缝份向内折转，成口袋形。

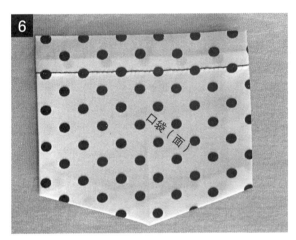

6　准备好的口袋样子。

7　将贴黏合衬的袋盖沿缉线车缝。

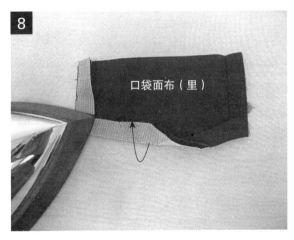

8　向袋盖里布方向沿缉线将缝份折转，烫平。

缉线完成后的袋盖样子

9　沿袋盖边缘缉装饰明线。

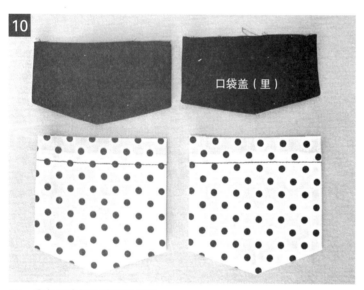

口袋盖（里）

10　准备完成好的贴袋和袋盖。

前衣片（面）

11　将贴袋放在标记好的位置，并用手缝针固定。

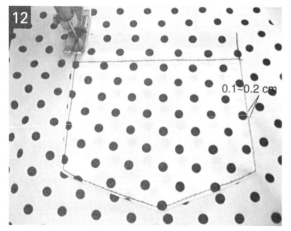

0.1~0.2 cm

12　沿口袋的边缘缉宽0.1~0.2 cm的明线。

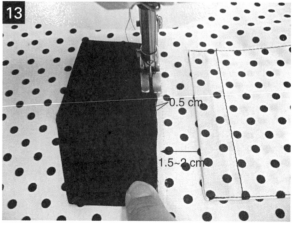

0.5 cm

1.5~2 cm

13　离袋口约1.5~2 cm处，将袋盖正面与衣片正面相对，留0.5 cm缝份，车缝。

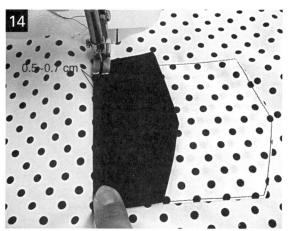

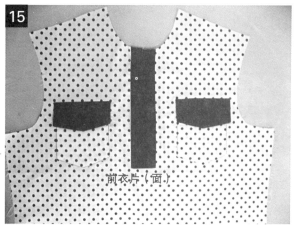

14　将袋盖向下折转摆正，沿袋盖的上口缉0.5~0.7 cm 宽的止口线。

15　单贴袋完成图。

※ 衬衣外贴口袋可依衬衣款式的不同，口袋的形状而随着变化。一般情况，衬衣的口袋没有袋盖。

2）有里布的贴袋

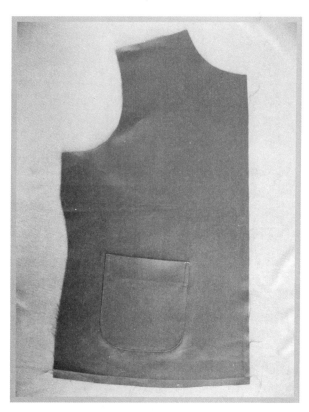

练习准备

附录2 page 20
► 有里布的贴袋纸板，黏合衬

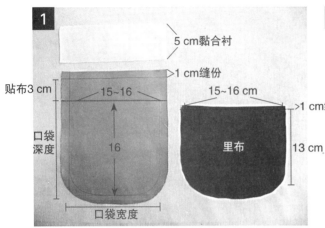

1　备好贴袋与里布面料（缝份都为1 cm）。

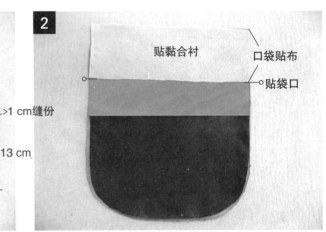

2　口袋贴布贴黏合衬。

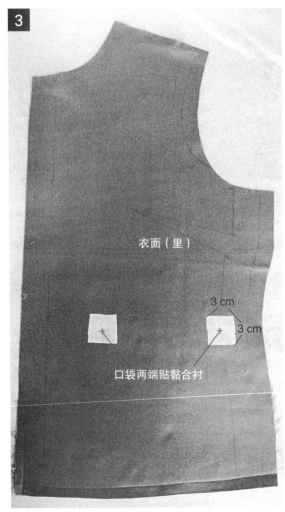

3　衣片袋口位置两端贴黏合衬后在贴袋位置用十字明确标记。

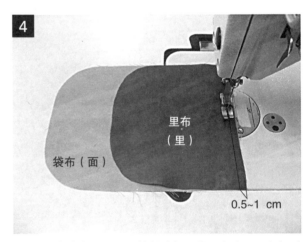

4　在口袋贴布（正面）缝份处与口袋里布（正面）相对缉缝。

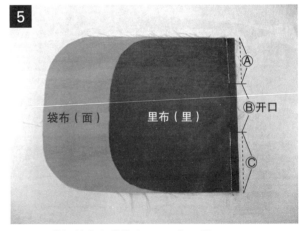

5　开口Ⓑ缉缝Ⓐ和Ⓒ始末，且要打回针。

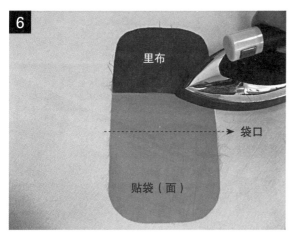

6　将里布翻折，缝份倒向里布并沿缉线烫平。

7　沿袋口线折转，烫平。

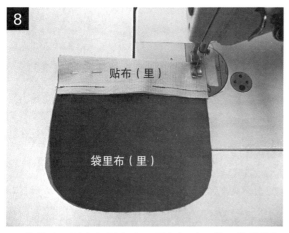

8　贴袋（正面）与里布（正面）相对，按口袋形状沿口袋边缘车缝，缝缉时袋布比里布稍大些，这样翻过来时里布不易外露。

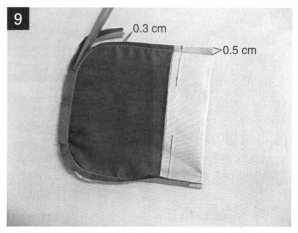

9　修剪贴袋边缘缝份，圆弧部分剪得短些，角要整齐、美观。

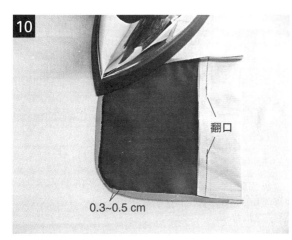

10　整理后的缝份向里布方向折烫。

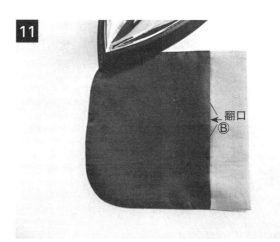

11　由开口Ⓑ将贴袋翻过来。

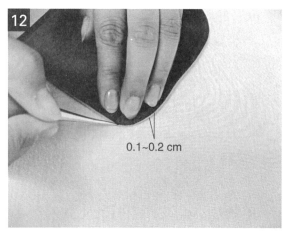

12 袋角用锥子整理好并烫平。

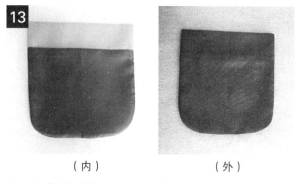

（内）　　　　　　　（外）

13 完成后的贴袋（内、外）图。

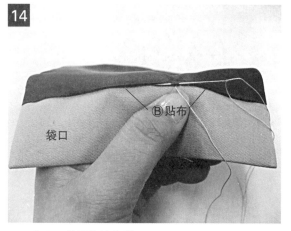

14 将开口Ⓑ用撩针整理。

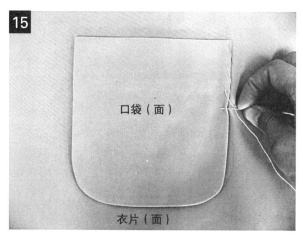

15 将贴袋放置在衣身的贴袋安装位置并假缝固定。

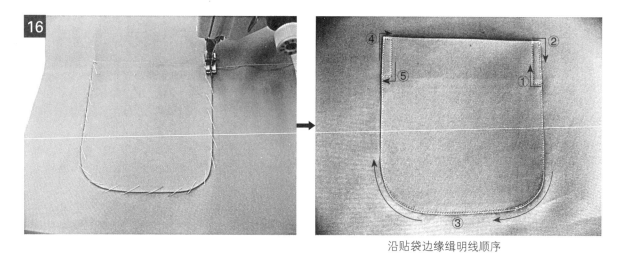

沿贴袋边缘缉明线顺序

16 沿贴袋边缘缉明线（0.2~0.3 cm），缉缝时，口袋要不偏不斜，位置准确。

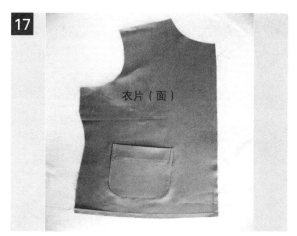

17 有里布的贴袋完成图。

3）风琴袋（立体袋）

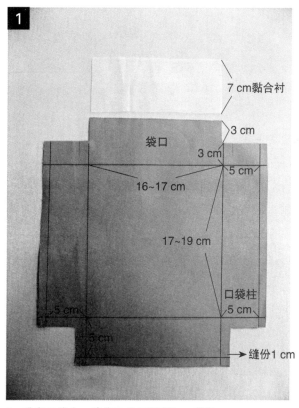

1 准备口袋布，除袋口外四周留1cm缝份。

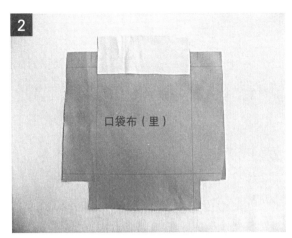

2　将袋口反面贴黏合衬。

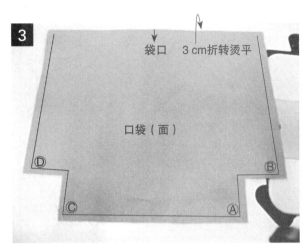

袋口　3 cm折转烫平

口袋（面）

3　袋口留3 cm缝份折转后，再折转3 cm，烫平。

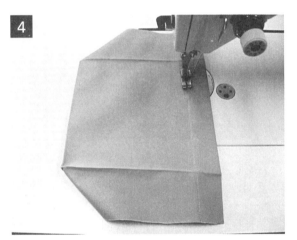

4　车缝袋口线。

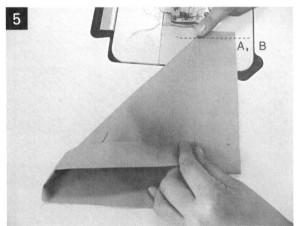

A，B

5　袋布Ⓐ与Ⓑ对齐车缝。

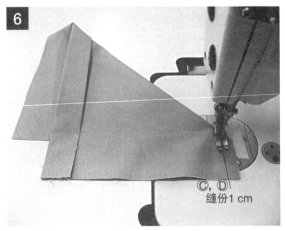

Ⓒ，Ⓓ
缝份1 cm

6　袋布Ⓒ与Ⓓ对齐车缝。

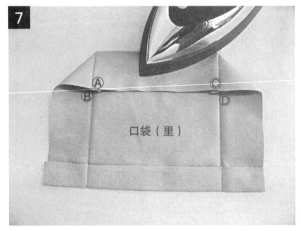

7　口袋两角绢缝后的效果图。

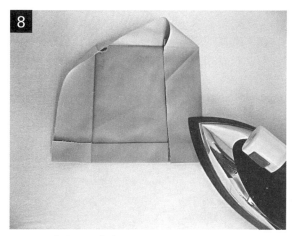

8 沿口袋方形完成线折烫。

9 将烫好的口袋边缘车0.2 cm的止口线。

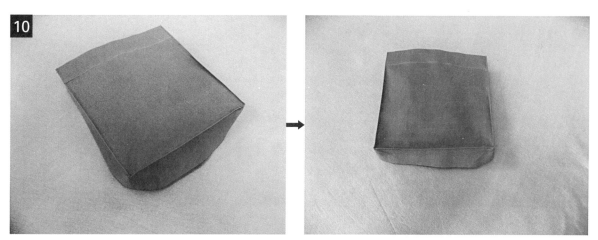

10 左：缉缝后袋布直立效果图。右：除袋口外其余各边缝份向内折烫1 cm。

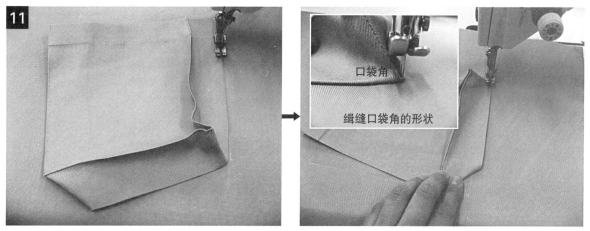

口袋角

缉缝口袋角的形状

11 将袋布放在口袋的安装位置，沿口袋边缘缉缝止口线。

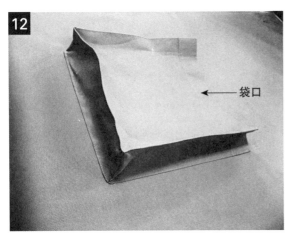

12 装好的风琴袋效果图。

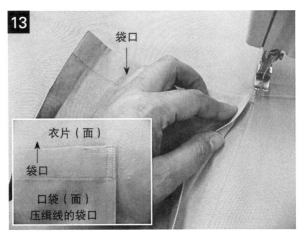

衣片（面）

袋口

口袋（面）
压缉线的袋口

13 将袋口两端立布折半并压缝固定。

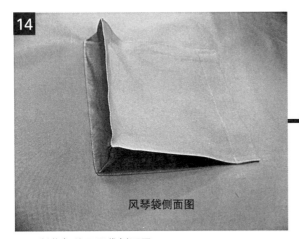

风琴袋侧面图

14 制作好的风琴袋侧面图。

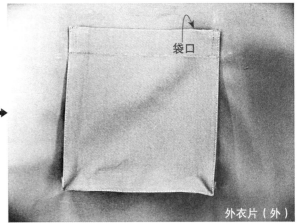

外衣片（外）

制作好的风琴袋正面图。

2. 前插袋

1）前插袋（西装）

主要用于西装与裙子，面料稍厚时使用。

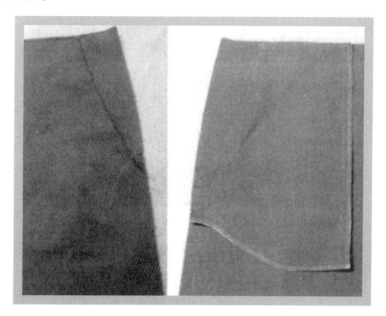

练习准备

附录2 page 22 ▶ 紧身裙前片纸板
附录2 page 23 ▶ 前插袋纸板，黏合衬

1 ←黏贴衬布（2~3 cm）
←袋口缉合线

1 在衣片袋口处贴衬布，备好袋布里、垫袋布各一片。
※ 口袋里布用T/C面料，垫袋布和衣片面料相同。

2 将衣片（正面）和袋布（正面）相对，缝袋口。

3 将袋口衣片留0.5 cm缝份剪下，里布向衣片（反面）折烫。

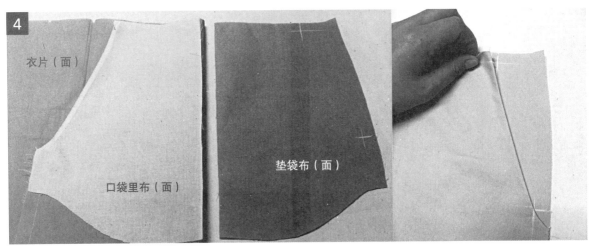

4 将缝合袋里布的衣片袋口与垫袋布（面）上的对位记号对齐。

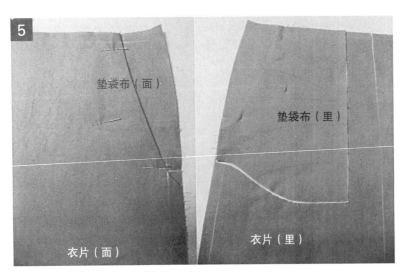

5 对齐后在袋口用大头针固定。

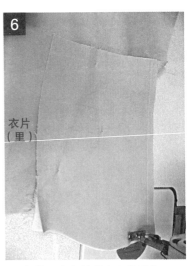

6 将袋里布与垫袋布车缝固定。

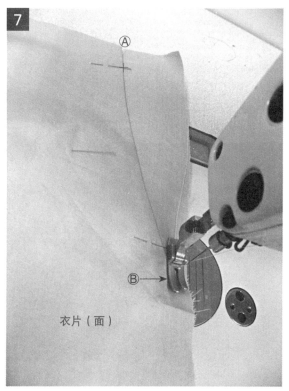

7　从衣料外面，在袋口两端Ⓐ Ⓑ处用缉缝线固定。

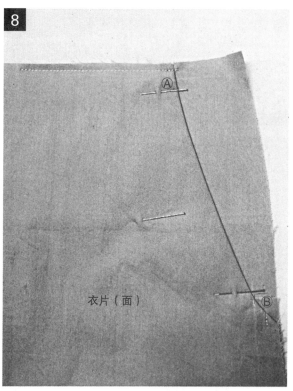

8　袋口两端车缝固定后的效果图。

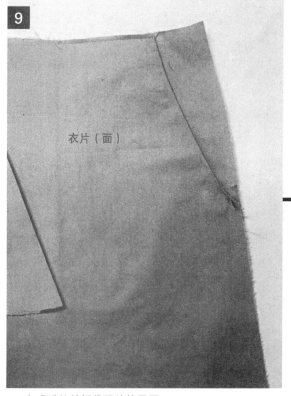

9　完成后的前插袋里外效果图。

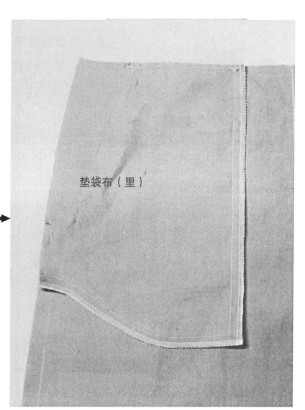

2） 前插袋（休闲服）

主要用于牛仔裤、棉质休闲裤等。

练习准备

附录2 page 22 ▶ 紧身裙前片纸板

附录2 page 24 ▶ 前插袋纸板，黏合衬

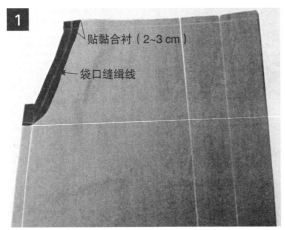

贴黏合衬（2~3 cm）

袋口缝缉线

1　衣片袋口布贴黏合衬条。

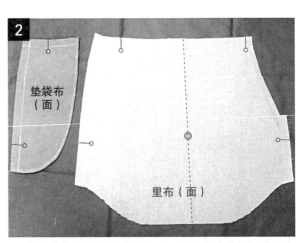

垫袋布（面）

里布（面）

2　将垫袋布里面贴黏合衬条后，边缘拷边整理，袋里布连折裁剪以备用。

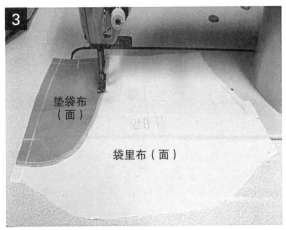

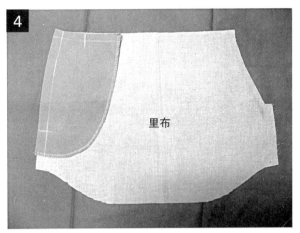

3　将袋里布（正面）和边缘拷边处理的垫袋布放好，车缝固定。

4　垫袋布车缝固定后效果图。

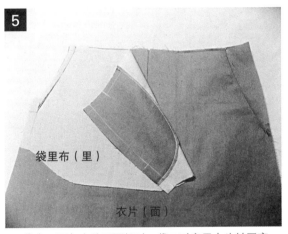

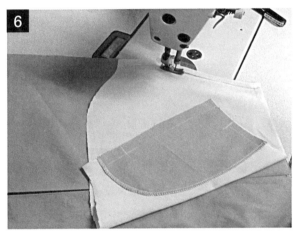

5　袋布正面与衣片正面相对，袋口对齐用大头针固定。

6　用大头针固定后，车缝袋口。

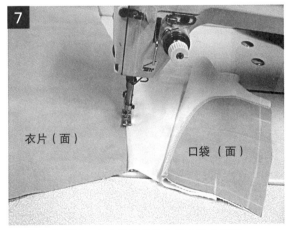

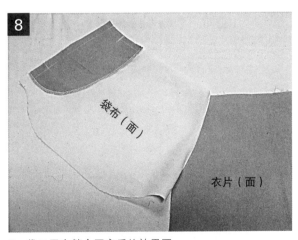

7　将袋布翻折，在衣片缝份处将兜布缉合固定。在袋口处将袋里布与衣片缝份一起缉缝止口线，防止袋口翻露。

8　袋口里布缝合固定后的效果图。

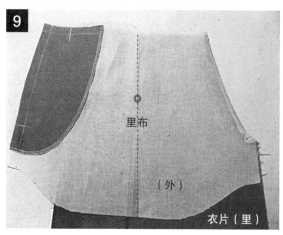

9 袋口留0.5 cm缝份修剪，并向衣片方向折烫。

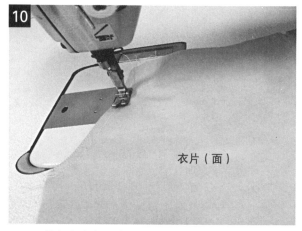

10 口袋向衣片内翻转，在衣片袋口（面）缉缝两条装饰明线。

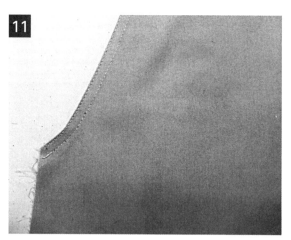

11 缉缝两条装饰明线后的袋口效果图。

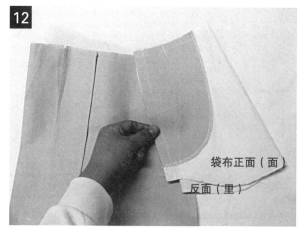

12 将口袋反面与反面相对。

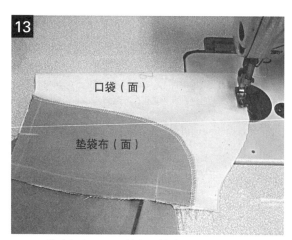

13 口袋底部留0.5 cm缝份并缝合。

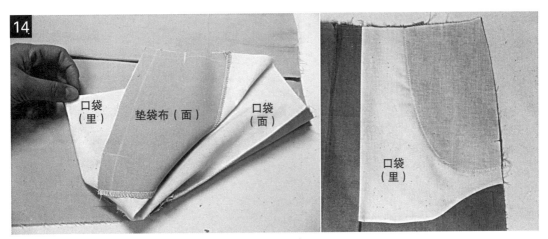

14　将口袋正面相对翻折，翻折后烫平的效果图。

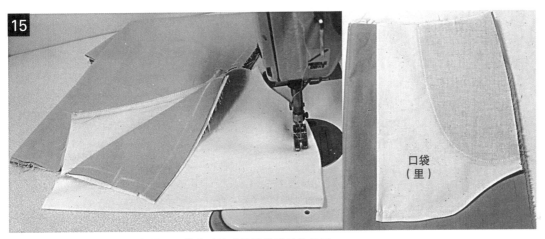

15　口袋底端留1 cm缝份车缝，口袋底端法式缝缉缝后的效果图。

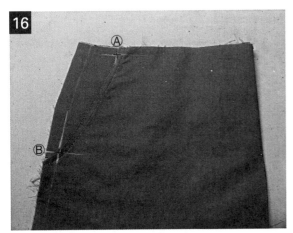

16　完成后的口袋前插袋效果图。
　　袋口ⒶⒷ两端与衣片临时缉合固定。

3）前插袋（男裤用）

主要用于男休闲裤和西裤。

练习准备

附录2 page 22 ▶ 紧身裙前片纸板

附录2 page 25 ▶ 前插袋纸板，黏合衬

衣片（反面）

1　在衣片袋口处贴黏合衬。

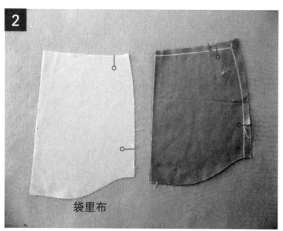

袋里布

2　袋布里布拷边。

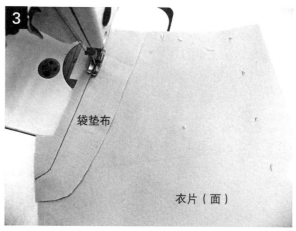

袋垫布

衣片（面）

3　袋口里侧贴衬布后，将袋垫布（正面）与衣片（正面）相对缉缝袋口线。

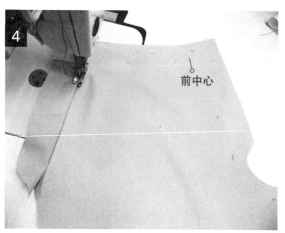

前中心

4　在衣片缝份处，翻折袋垫布并缉缝明线。翻折袋垫布，在袋垫布上连同衣片缝份一起缉缝0.1 cm的止口线。

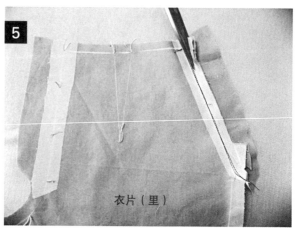

衣片（里）

5　衣片（里）袋口留0.5 cm缝份并修剪整理。

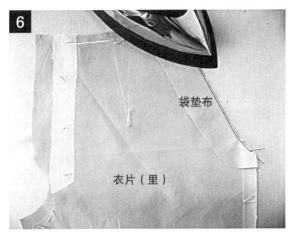

6　将袋口袋垫布往衣片内翻折烫平。

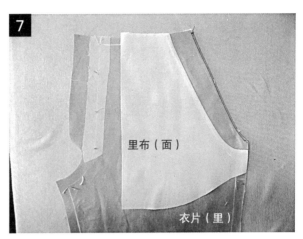

7　将袋垫布与里布连接缝缉做里口袋。

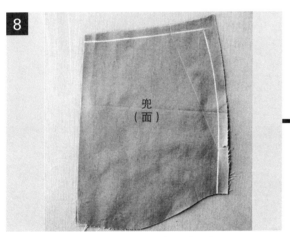

8　袋布与缉好的里布对齐并用大头针固定。

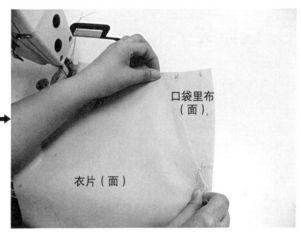

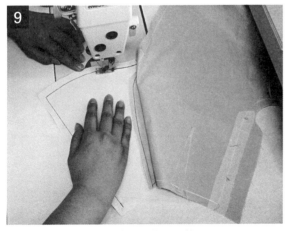

9　缝合袋布与里布并拷边，整理平整。

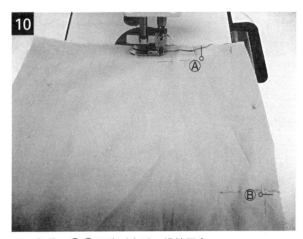

10　将袋口Ⓐ Ⓑ两端对齐后，缉缝固定。

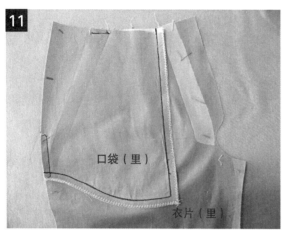

11   完成后的前插袋效果图。

口袋（里）

衣片（里）

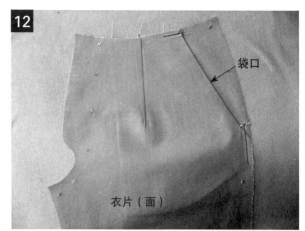

袋口

衣片（面）

12   完成后的前插袋正面图。

3. 袋盖袋

1）双牙兜（双嵌线开袋）

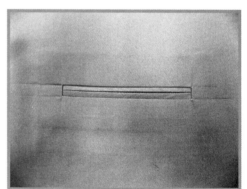

双嵌线开袋完成图

练习准备

附录2 page 26 ▶双嵌线开袋纸板

附录2 page 56 ▶西装领前衣片纸板

（衣片加长亦可使用）

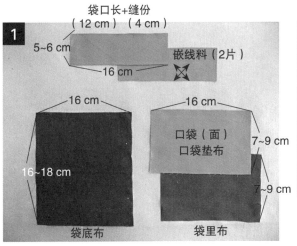

袋口长+缝份
（12 cm）（4 cm）
5~6 cm
嵌线料（2片）
16 cm

16 cm
16 cm
口袋（面）
口袋垫布
7~9 cm
16~18 cm
7~9 cm
袋底布
袋里布

1 准备好制作口袋的嵌线料和袋布，嵌线料要斜纹路。
※ 口袋的大小与位置因款式的不同有变化，所以里
布裁剪也因口袋大小而有所变化。

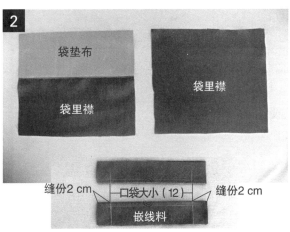

袋垫布
袋里襟
袋里襟

缝份2 cm
口袋大小（12）
缝份2 cm
嵌线料

2 袋垫布与袋里布拼接备用。袋嵌线料上贴黏合衬折一
半烫平，标注袋口宽窄和大小。
※ 若面料不厚，先将嵌线布折一半烫平。

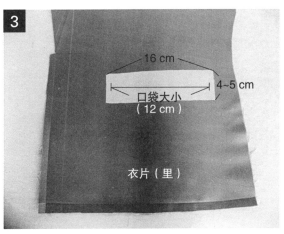

16 cm
4~5 cm
口袋大小
（12 cm）
衣片（里）

3 将衣片袋口周围贴黏合衬。

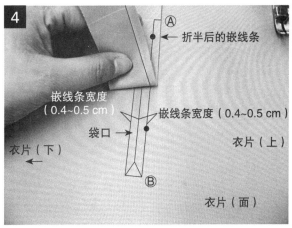

Ⓐ
折半后的嵌线条
嵌线条宽度
（0.4~0.5 cm）
嵌线条宽度（0.4~0.5 cm）
袋口
衣片（下）
衣片（上）
Ⓑ
衣片（面）

4 衣身（面）画好双嵌线开袋，把折好的上嵌线料放在
上面并缝好始末两端。将嵌线料向衣身上方折转后，
用大头针固定。

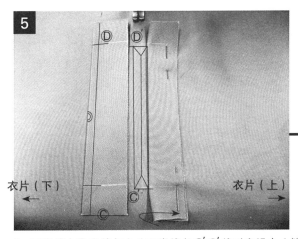

Ⓓ Ⓓ
Ⓒ
衣片（下）
衣片（上）
Ⓒ

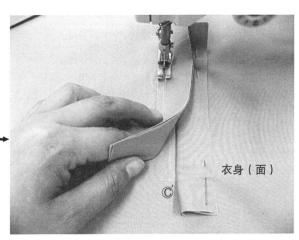

Ⓒ
衣身（面）

5 下嵌线布ⒸⒹ线与衣片下嵌线条ⒸⒹ线对齐缉合（缝合）。

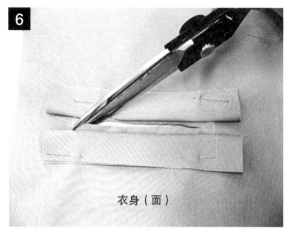

6　上、下嵌线条都缝好后，袋口剪成"〉———〈"形。

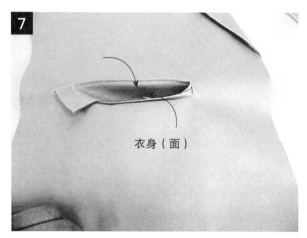

7　把嵌线条从剪好的袋口中翻入衣身里面。

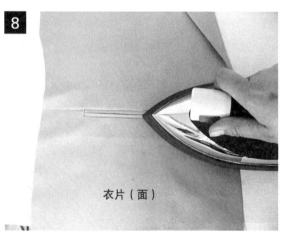

8　从正面将嵌线条烫平整理。

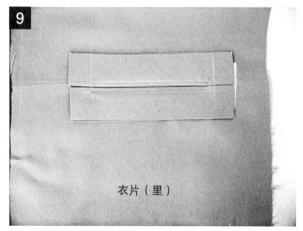

9　翻过来烫平后的嵌线条效果图。

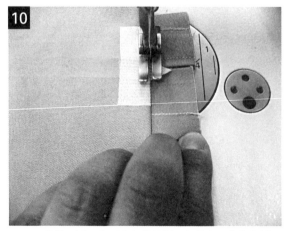

10　双嵌线两端三角形状与嵌线料一起缝合固定嵌线料。

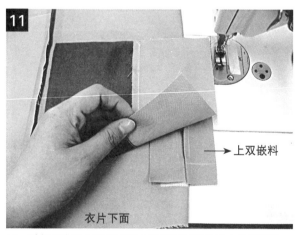

11　贴好垫布的口袋里布与上嵌线料对齐并用大头针固定。

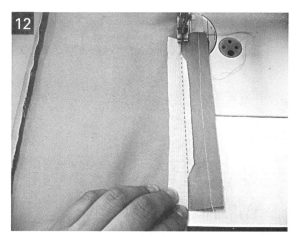

12 沿上嵌线料缉缝线与袋里布缝合（缉合）。

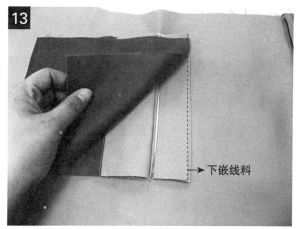

→ 下嵌线料

13 将下嵌线料与袋底布对齐缝合。

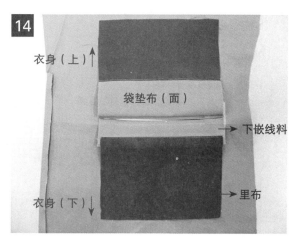

衣身（上）↑

袋垫布（面）

→ 下嵌线料

衣身（下）↓

→ 里布

14 衣身（上）与下嵌线料连接的袋底布图。

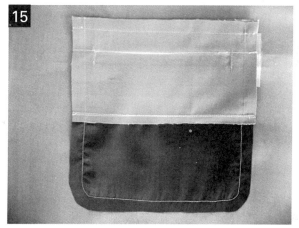

15 将上嵌线开袋的袋里布折下后与袋底布缝合，整理袋里布缝份。

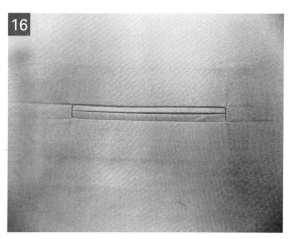

16 完成后的双牙兜正面效果图。

2）制作袋盖

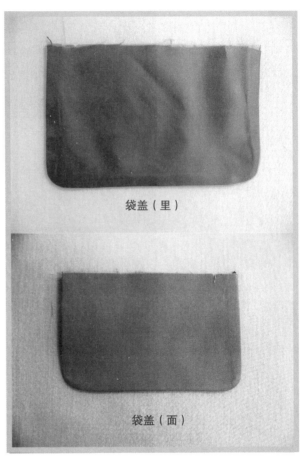

袋盖（里）

袋盖（面）

练习准备

附录2 page 26
▶ 袋盖纸板

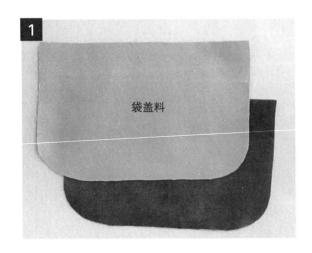

1

袋盖料

1　备好袋盖料，并在里布上贴黏衬布，正确画好袋盖大小后裁剪，留0.8 cm缝份。袋盖料根据面料种类，可以贴黏合衬，也可以不贴黏合衬，袋盖料留1 cm缝份。

※ 里布缝份比袋盖料缝份小0.2~0.3 cm。

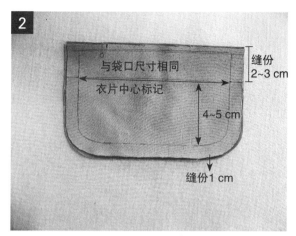

与袋口尺寸相同

缝份 2~3 cm

衣片中心标记

4~5 cm

缝份1 cm

2　备好与袋口长相同的袋盖料。

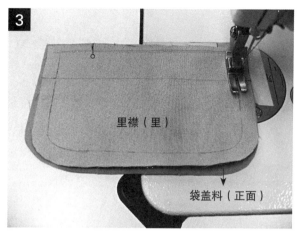

里襟（里）

袋盖料（正面）

3　将袋盖的面与里相对，沿绱缝线绱合，此时里布的尺寸比袋盖面的尺寸小，里布与袋盖边缘对齐进行缝合。

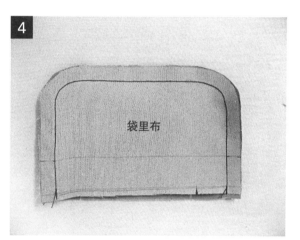

袋里布

4　缝合好后的袋盖效果图。

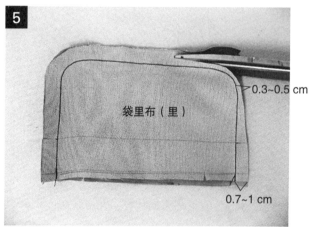

袋里布（里）

0.3~0.5 cm

0.7~1 cm

5　修剪多余缝份。袋盖圆角部分缝份稍短些，大致为0.3~0.5 cm。

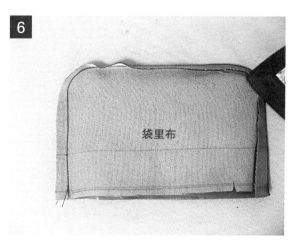

袋里布

6　向袋里布方向折烫缝份。

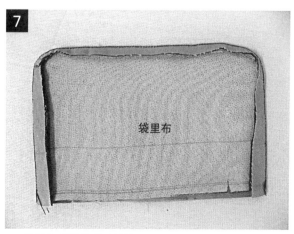

袋里布

7　袋里布熨烫整理后的效果图。

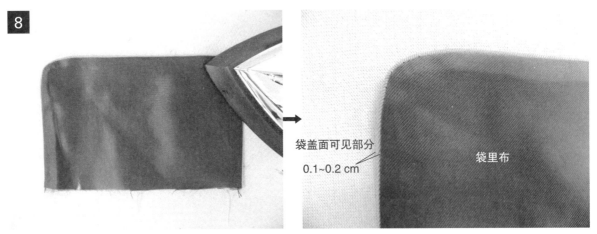

袋盖面可见部分
0.1~0.2 cm

袋里布

8 将袋盖布翻折后的圆角烫圆顺，熨烫中袋里布不要露出。

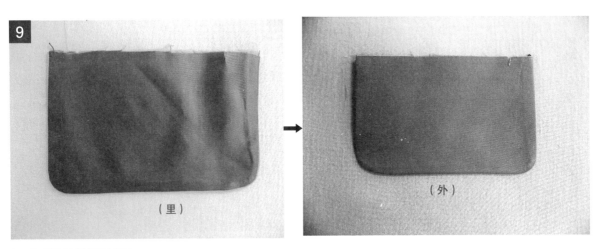

（里）

（外）

9 完成后的袋盖效果图。

3）有袋盖的双牙兜

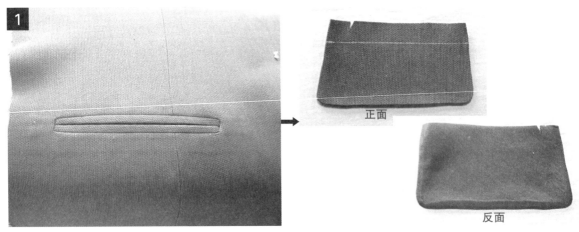

正面

反面

1 做好双嵌线开袋和袋盖以备用。

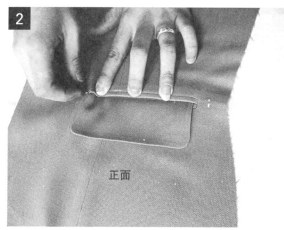

2 将袋盖放入双嵌线开袋袋口。

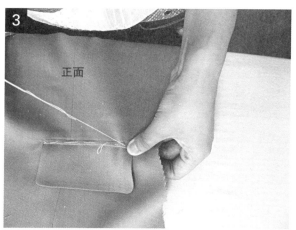

3 将袋盖与上嵌线缝合。

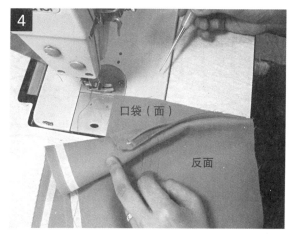

4 固定的上袋口（里）与兜里布正面缉合。在里侧缉缝袋盖与上嵌线料，固定袋盖。

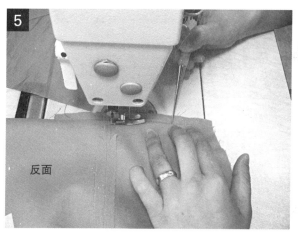

5 沿上嵌线缉缝线，将袋里布和固定好的袋盖一起缝合。

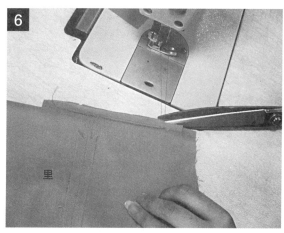

6 沿上袋口线缉合后的效果图。

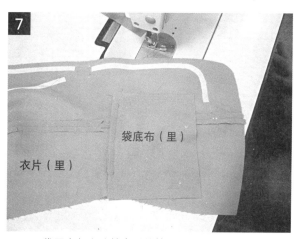

7~8 袋里布与衣片缝合后的效果图。

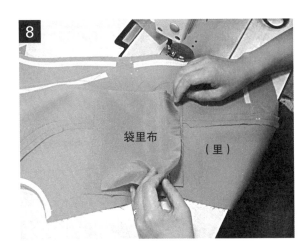

袋里布

（里）

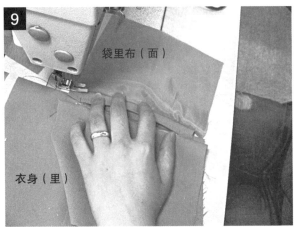

袋里布（面）

衣身（里）

9　将袋里布与下嵌线料缝份缝合，折转后在袋里布与
　　下嵌线料缝份上再缉一条止口线。

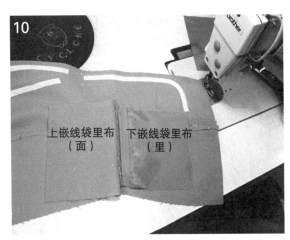

上嵌线袋里布
（面）

下嵌线袋里布
（里）

10　将上嵌线袋布与下嵌线袋里布缉合。

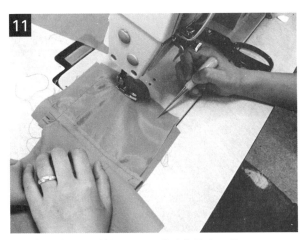

11　将袋布正面对整后，沿口袋边缘缝合口袋。

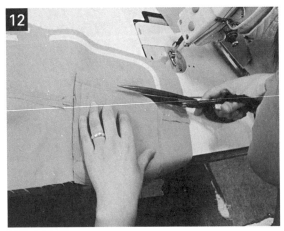

12　袋布缉合后，修剪袋布缝份。

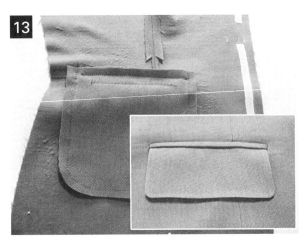

13　完成后的袋盖正、反面效果图。

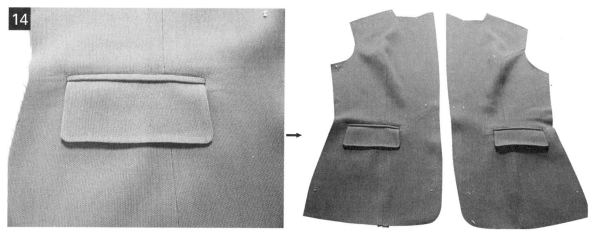

14　完成后的双牙兜效果图。

4. 单嵌线袋（单嵌线开袋）

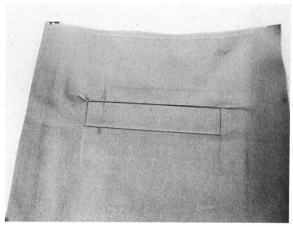

单嵌线开袋款式图

练习准备

附录2 page 27　▶紧身裙后衣片纸板

附录2 page 28　▶单嵌线袋纸板

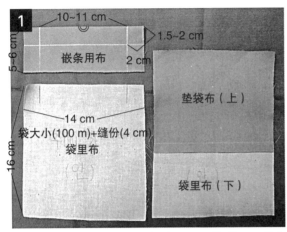

1 在嵌条用布的反面贴黏合衬后对折熨烫整理。嵌条上标记口袋大小，垫袋布、袋里布按口袋大小加4 cm缝份以备用。

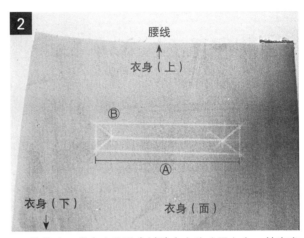

2 裁剪比口袋大点的黏合衬贴在衣片（里）上，并在衣片上（面）画好口袋形状。

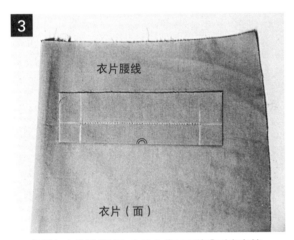

3 将嵌条上的缉缝线与衣片上袋口下线Ⓐ对齐车缝。

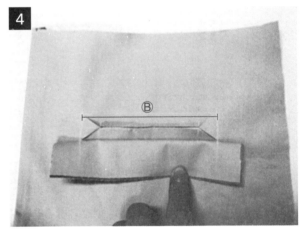

4 口袋两端回针加固，袋口剪成 ⟩——⟨ 形。

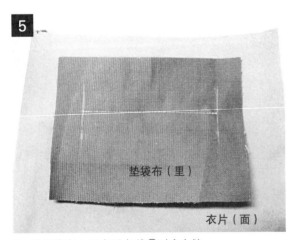

5 沿垫袋布 1/3 部分与线Ⓑ对齐车缝。

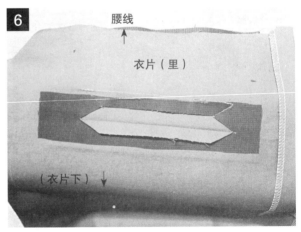

6 在衣片里面把 ⟩——⟨ 形的缝份分缝烫平。

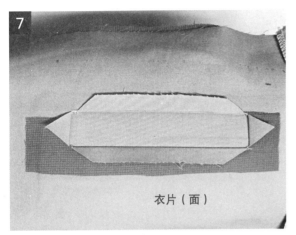

7　口袋缝份熨烫整理后的效果图。

8　将嵌条与袋垫布翻入衣片内。

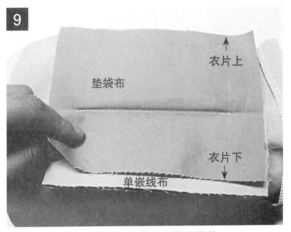

9　将翻过来后的袋垫布和嵌条布整理平整。

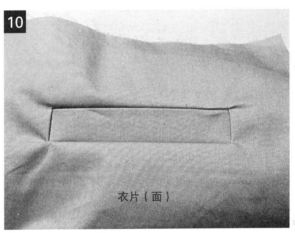

10　整理平整后的效果图。

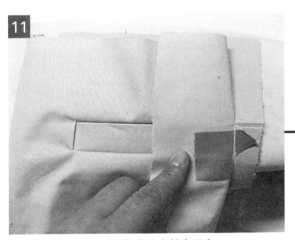

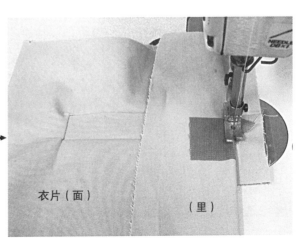

11　袋口两端的小三角与袋垫布缝合固定。

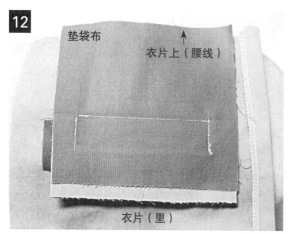

12 垫袋布上过腰线。

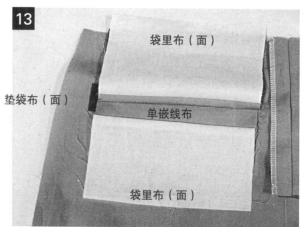

13 袋里布分别与袋垫布和嵌条缝份缝合。

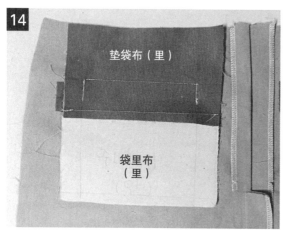

14 将与袋垫布连接的袋里布向下折，袋垫布缝份倒向袋里布，熨烫整理。

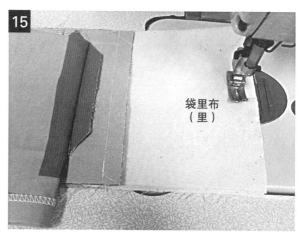

15 将衣片翻出，两层袋布要平整对齐，沿袋布边缘缝闭合口袋。

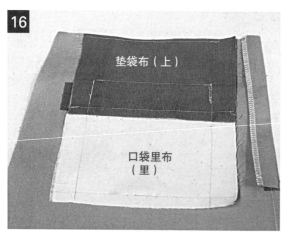

16 垫袋布上端与衣片腰线对齐，缉合固定后，沿腰线剪平整理。

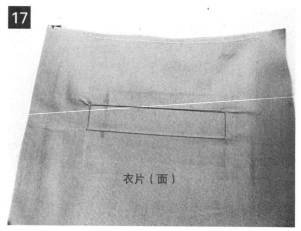

17 完成后的口袋（面）图。

5. 侧缝插袋（骨口袋）

练习准备

附录2 page 29 ▶ 紧身裙纸板

附录2 page 30 ▶ 骨口袋纸板

1

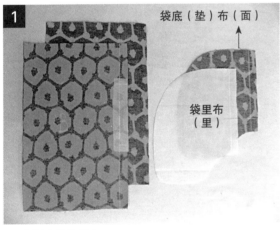

袋底（垫）布（面）

袋里布（里）

1 备好衣片和袋布。

2

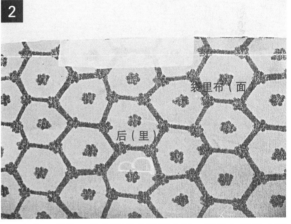

装里布（面）

后（里）

2 在装口袋位置的侧缝线上贴黏合衬，要比口袋尺寸稍大些。

3

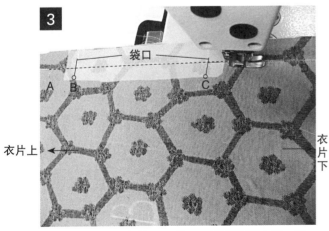

袋口

A B C

衣片上 ← 衣片下

3 缉合袋口上面部份AB，袋口BC且针距调大些，袋口下面部份CD缉缝时针距调小些。

4

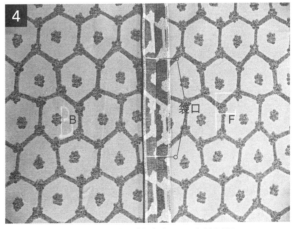

B 袋口 F

4 沿侧缝线缉缝后，缝份拷边处理，分缝熨烫。

反面

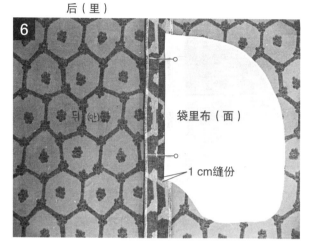

5

F 안

袋口　　袋口

留1 cm缝头
向里折转烫平

5 将袋里布沿侧缝线向里折1 cm。

后（里）

6

뒤（안）

袋里布（面）

1 cm缝份

6 折烫后的袋里布正面与前衣片缝合，与袋口线相对齐，
并将缝份与袋里布用大头针固定。

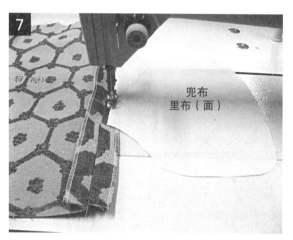

7

뒤（안）

兜布
里布（面）

7 固定好的袋里布与前衣片缝份缉合。

8

前衣片（面）

后衣片（面）

8 与衣片（身）正面缝合好的袋里布，在袋口缉装饰线，
固定侧缝缝份与衣片。

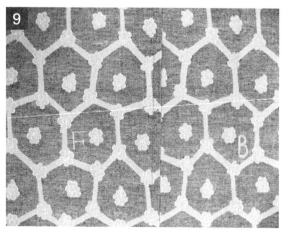

9

F

B

9 车缝袋口装饰线后的衣片正面图。

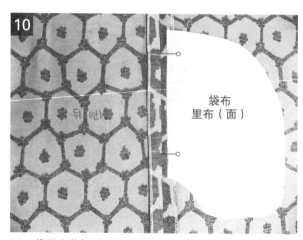

10

뒤（안）

袋布
里布（面）

10 袋里布装好后的衣片反面图。

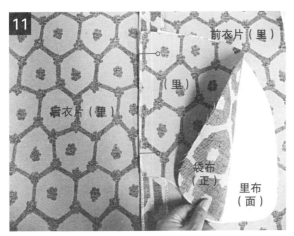

11 将袋底布正面与袋里布正面相对。

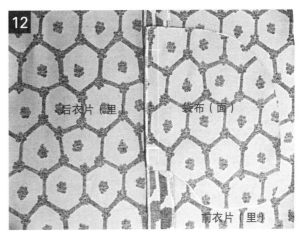

12 袋布对齐后的效果图。

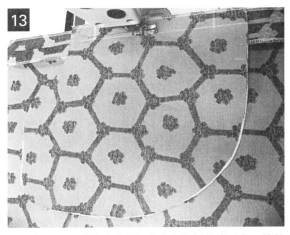

13 将后衣片缝份（头）与袋底布沿侧缝线对齐，缝份与袋布缝合固定。

14 缝合固定后的效果图。

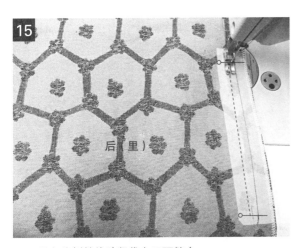

15 后衣片侧缝线贴紧袋布正面缝合。

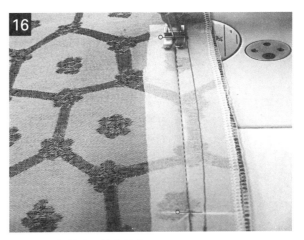

16 衣片侧缝线缉缝的放大图。

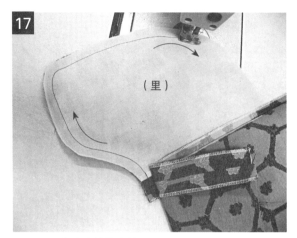

17 沿口袋边缘缝份车缝。

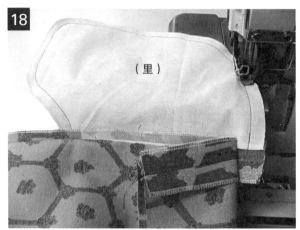

18 将口袋缝份拷边整理。

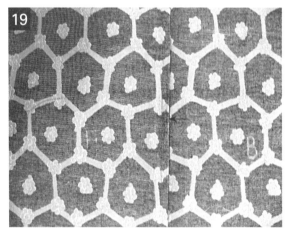

19 完成后的口袋图。

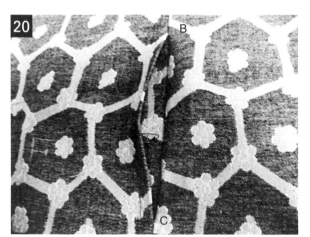

20 将袋口BC疏缝拆开。

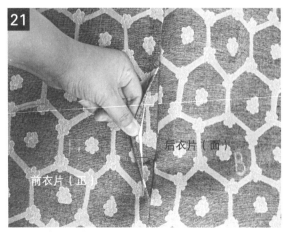

21 完成后的袋口。

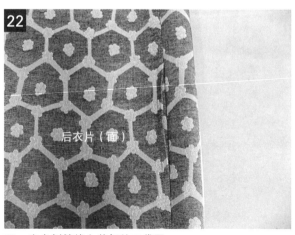

22 衣身侧缝线上装好的口袋图。

PART_ 7

袖开衩

1. 缉缝线袖开衩

练习准备

附录2 page 31
▶ 袖纸板

1　袖开衩部分的两端分别多留3 cm缝份裁剪。

2　多留袖衩部分与袖底缝线拼合车缝，缝份分开烫，
　　袖衩部分缝份向内折烫1.5 cm。

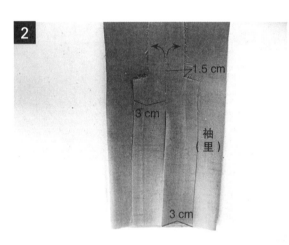

3　缝份折烫后的效果图。

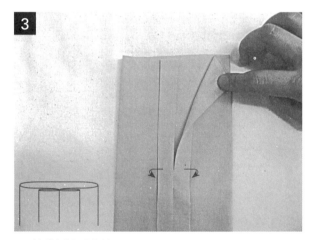

4　在袖衩正面，沿袖开衩方向缉压明线以固定袖衩
　　折烫的缝份。

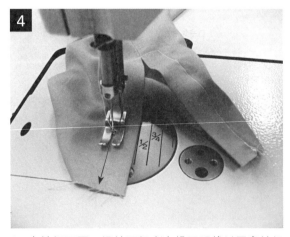

5　完成后的缉缝线袖开衩正面与反面图。

2. 垫布袖开衩

练习准备

附录2 page 32
▶ 袖纸板

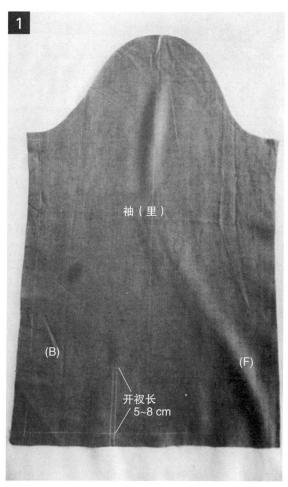

1　裁剪袖片备好后，在袖片正面标好袖开衩位置。

2　准备袖开衩垫布。

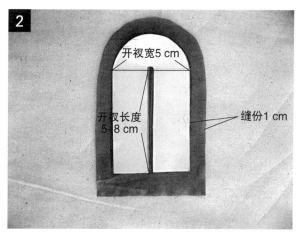

3　将黏合衬与备好的袖开衩垫布对好，剪下相似大小的黏合衬布。

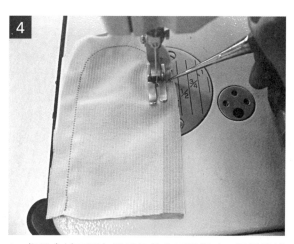

4　将黏合衬正面与袖开衩垫布正面相对，沿缉缝线车缝。

5　最后修剪好缝份即可。

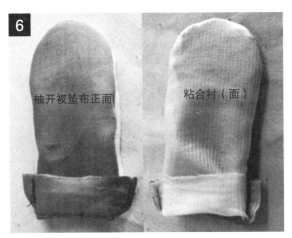

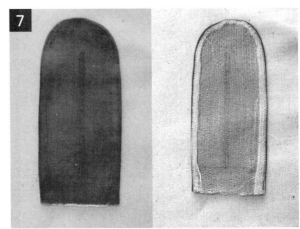

6 将缝份整理好后，把袖开衩垫布翻过来。

7 将翻过来的垫布与黏合衬熨烫，使之黏贴在一起。图中所示为贴黏合衬的开衩垫布的正、反面。

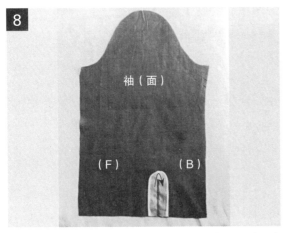

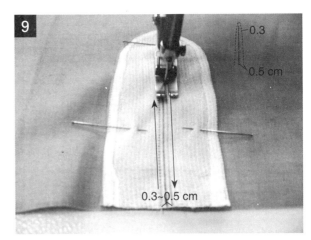

8 将袖开衩垫布正面放在标好的袖开衩位置，并用大头针固定。

9 沿开衩标记缉缝开衩垫布的袖开衩位置，注意此时的针距要密一些。

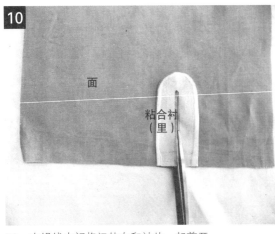

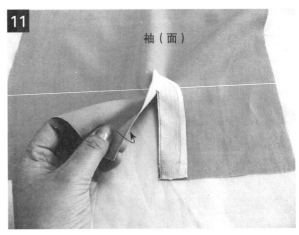

10 在缉线中间将衩垫布和袖片一起剪开。

11 将袖开衩垫布向袖片反面方向翻转。

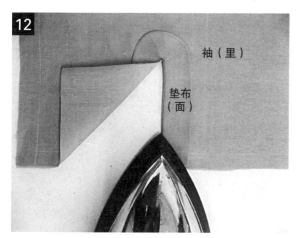

12 熨烫整理翻转后的袖开衩垫布。

13 完成后的垫布袖开衩效果图。

3. 斜条布袖开衩（滚条袖衩）

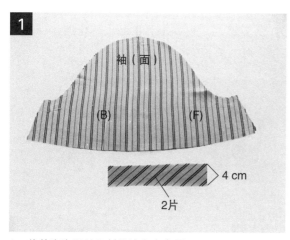

1 裁剪泡泡短袖和斜纹滚条布备用。

练习准备

附录2 page 33

▶ 泡泡短袖纸板，斜纹滚条布纸板

注：
滚条布长：滚条长(6~7 cm)×2+缝份2 cm
滚条布宽：滚条宽(1 cm)×4

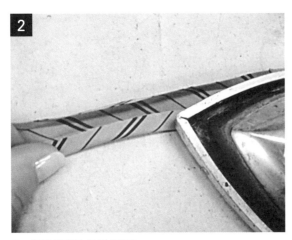

2　将滚条两边分别折烫1 cm。

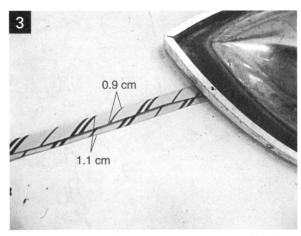

3　将缝份折烫后的滚条布对折成如图所示的一边宽为0.9 cm，另一边宽为1.1 cm的包条，并熨烫整理。

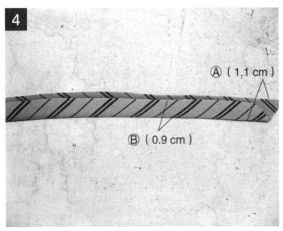

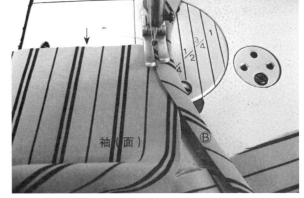

4~5　剪开袖开衩线，将整理好的包条Ⓐ面在下，夹住袖开衩，并用大头针固定以备车缝。

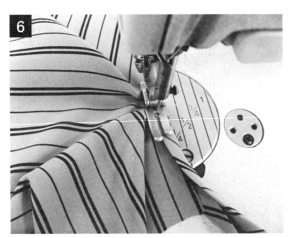

6　采用夹缝的方法装滚条布袖开衩条。

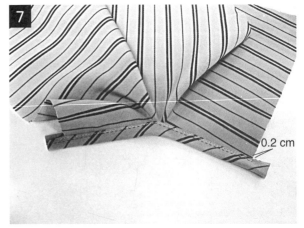

7　注意开衩的始末绲0.5 cm缝份，在开衩中央部分只绲0.2~ 0.3 cm缝份。

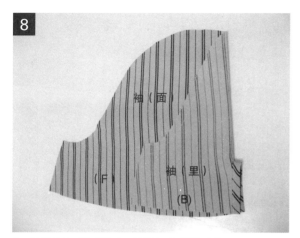

8　袖正面与正面相对，袖开衩条重叠对齐。

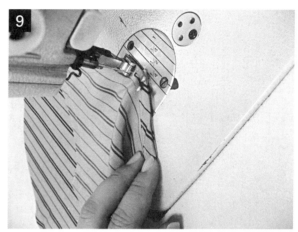

9　对好后的袖开衩转折处，缉三角形固定袖开衩。

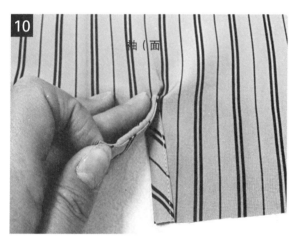

10　固定后的袖开衩末端部分折到反面。

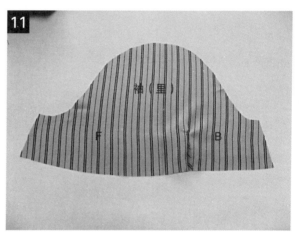

11　滚条开衩完成后的正面效果图。

4. 衬衫袖口宝剑头袖开衩

练习准备

附录2 page 34

▶ 衬衫袖纸板

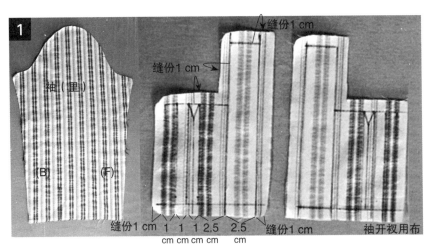

1　准备袖和袖开衩用布，需装饰的部分贴黏合衬。

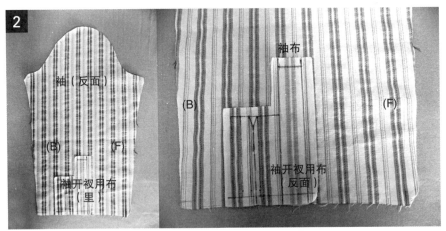

2　袖布反面与袖开衩正面相对，宝剑头装饰部分向前袖方向。

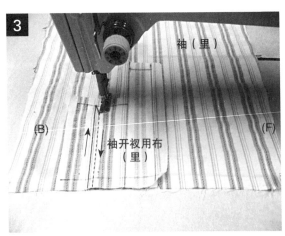

3　将袖开衩布的开衩部分缉成⌐形，边角缉线要准确。

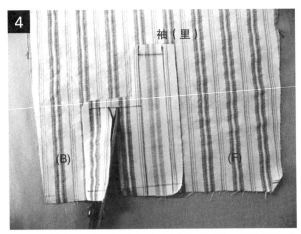

4　将缉缝好的袖开衩布沿中央线剪成Y形，裁剪至角的末端。

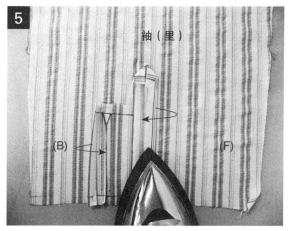

5 剑头缝份折向袖布内面，折成剑头型并熨烫整理。

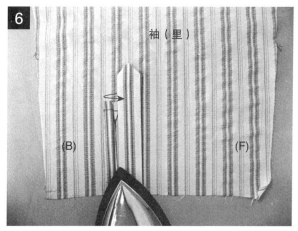

6 宝剑头制成后的袖反面图。

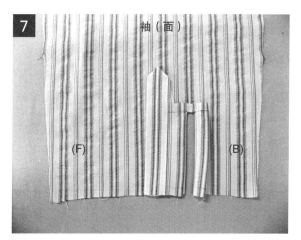

7 将缉合好的宝剑头向袖布正面翻折后的效果图

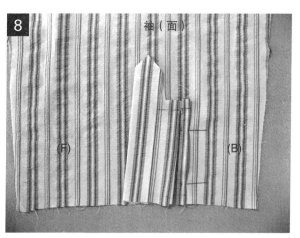

8 将袖布正面的右侧小袖衩部分用大头针固定。

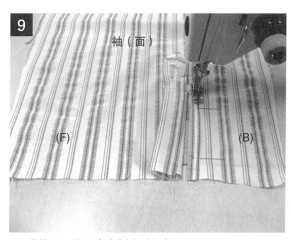

9 缉缝止口线固定右侧小袖衩部分。

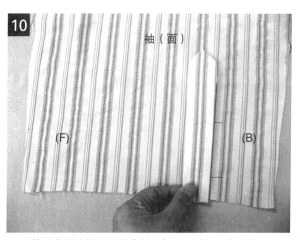

10 整理宝剑头袖开衩的大袖衩部分，并扣压在小袖衩上。

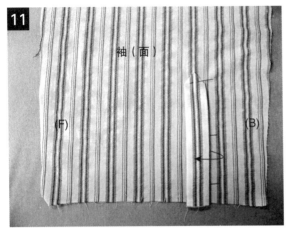

11 用大头针固定宝剑头大袖衩。

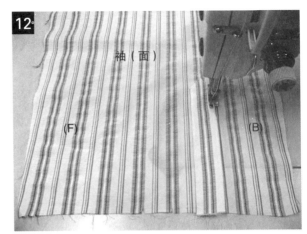

12 缉缝0.1~0.2 cm止口线以固定大袖衩。

13 按图中标注的顺序进行缉缝处理。

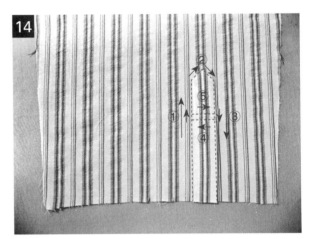

14 宝剑头袖开衩完成图。

PART_ 8

袖克夫制作

1. 普通袖克夫

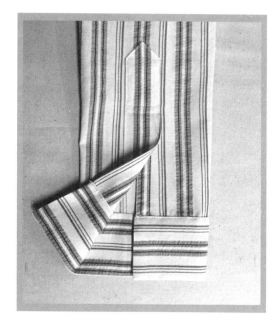

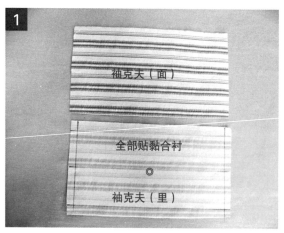

袖克夫（面）

全部贴黏合衬

袖克夫（里）

1　袖克夫宽等于袖口宽加叠门宽，四周各留1 cm缝份，贴上黏合衬，准备2片袖克夫布。

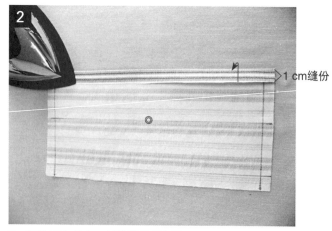

1 cm缝份

2　将袖克夫其中一侧的缝份翻折烫平。

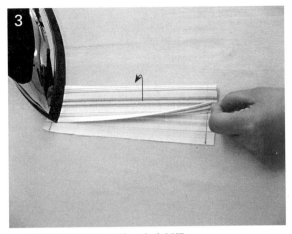

3 沿袖克夫正面中心线，向内折烫。

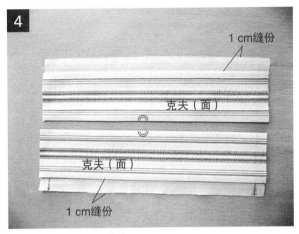

1 cm缝份

克夫（面）

克夫（面）

1 cm缝份

4 折烫整理后的袖克夫图。

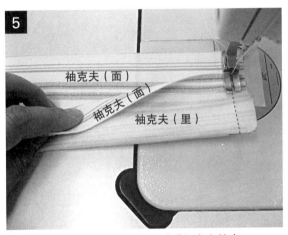

袖克夫（面）

袖克夫（面）

袖克夫（里）

5 将袖克夫正面相对，并将两端进行自身缝合。

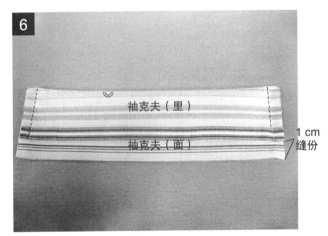

袖克夫（里）

袖克夫（面）

1 cm
缝份

6 袖克夫两端车缝后的效果图。

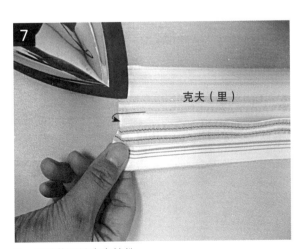

克夫（里）

7 折烫整理袖克夫缝份。

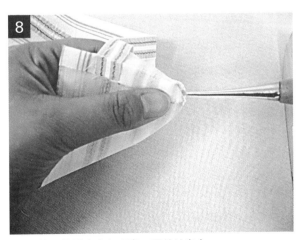

8 用锥子将袖克夫角顶出，翻转袖克夫。

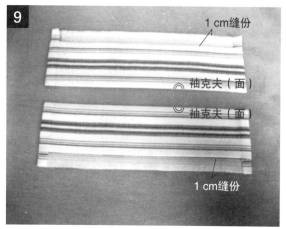

1 cm缝份

◎ 袖克夫（面）

◎ 袖克夫（面）

1 cm缝份

9　完成后的袖克夫图。

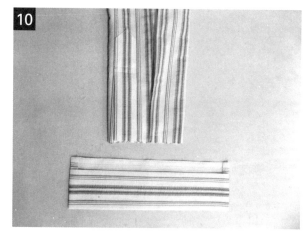

10　图为完成后的袖与袖克夫。

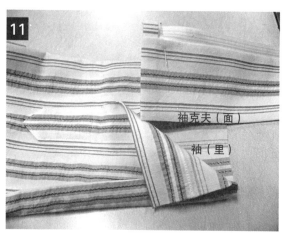

袖克夫（面）

袖（里）

11　将袖开衩反面与袖克夫正面相对，袖口围长与袖克夫长度比对后，将袖克夫与袖口一起车缝。

12　在袖口里面缉缝袖克夫的效果图。

13　将缉合后的袖克夫向袖正面翻折。

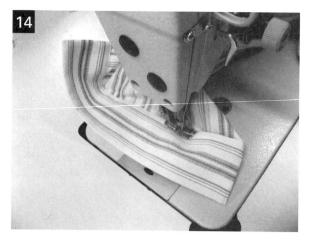

14　在袖克夫内侧缉缝0.2~0.3 cm的止口线。

2.斜丝滚边袖克夫

练习准备

附录2 page 33

▶ 泡泡短袖纸板,斜条布袖克夫纸板

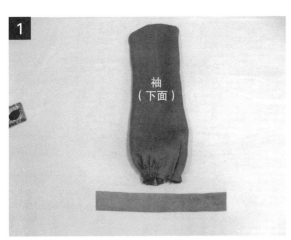

1　准备滚边开衩袖和斜丝袖克夫滚条。

2　将衣袖反面与斜丝滚条正面相对,从袖开衩处开始沿缉缝线缉缝。

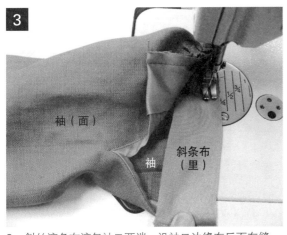

3　斜丝滚条布滚包袖口两端,沿袖口边缘在反面车缝。

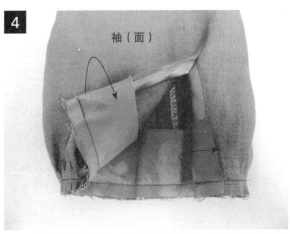

4　用斜丝袖克夫滚条包住袖开衩两端,车缝后的效果如图所示。

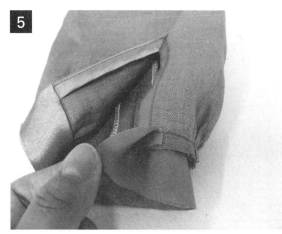

5　将缉合后的斜丝袖克夫向袖正面翻折。

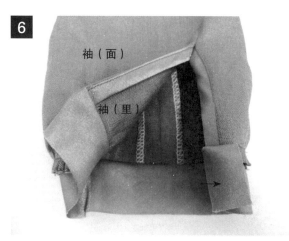

袖（面）

袖（里）

6　斜丝袖克夫向外翻折后的效果如图所示。

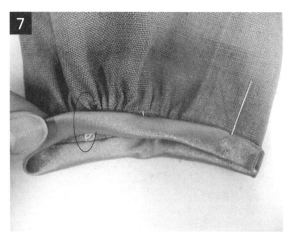

7　用斜丝滚条将袖口滚包，且与袖口缉缝线对齐。

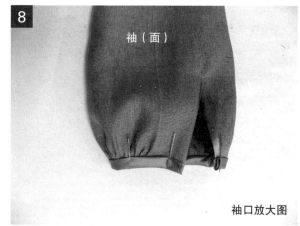

袖（面）

袖口放大图

8　滚包后将袖克夫用大头针固定。

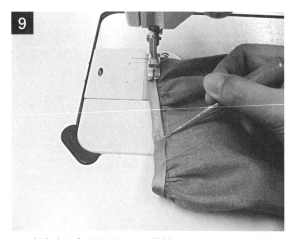

9　在滚边固定后的袖口正面缉缝0.1~0.2 cm的止口线。

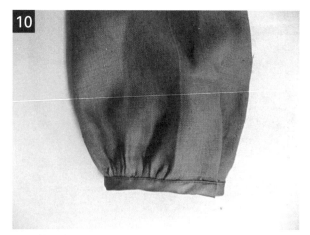

10　斜丝滚边袖口完成图。

118 Basic Sewing for women's clothes

3. 外翻袖克夫（外翻袖口）

1）分开裁剪并配色的袖克夫

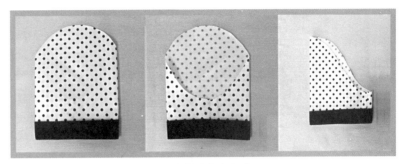

分开裁剪袖克夫完成图

练习准备

附录2 Page 36
▶ 短袖纸板

袖片（里）

袖克夫（里）

1 裁剪短袖和配色袖克夫用布以备用。

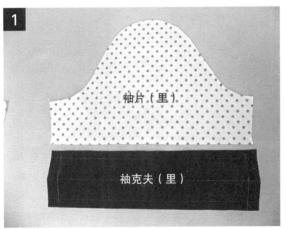

2 将袖克夫用布折半熨烫。

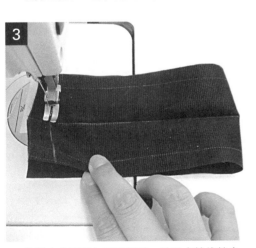

3 将袖克夫正面与正面相对，并沿内缝线缝合。

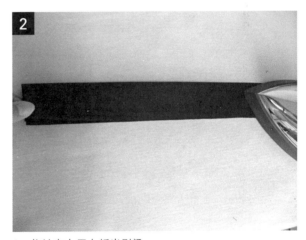

4 缉缝后将缝份分烫，剪成">=<"形状。

5 将袖克夫翻成正面后，折半烫平。

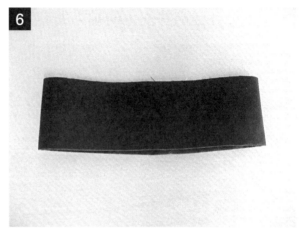

6 折半熨烫后的袖克夫如图所示。

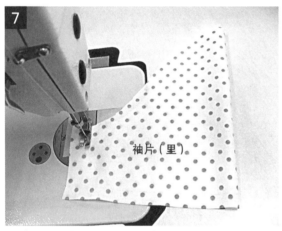

7 将袖正面与正面相对，缉缝袖底缝。

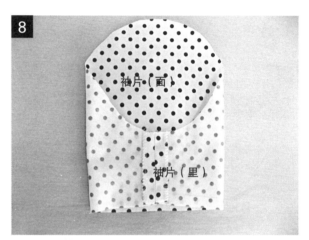

8 将袖底缝份分烫，并分别对缝份做拷边处理。

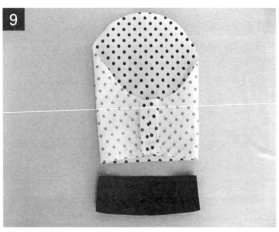

9 袖口安装配色袖克夫前的准备如图所示。

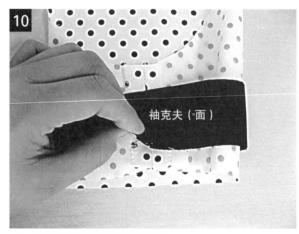

10 将袖反面与袖克夫正面相对。

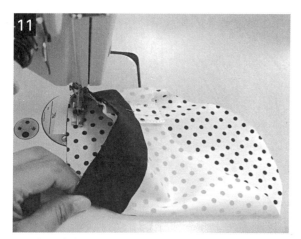

11　将袖克夫与袖口下端相对，沿袖正面缉缝。

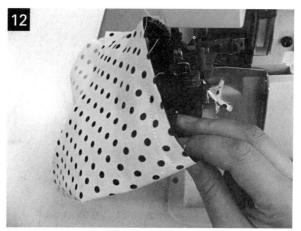

12　将袖克夫与袖口缉合的缝份作拷边处理。

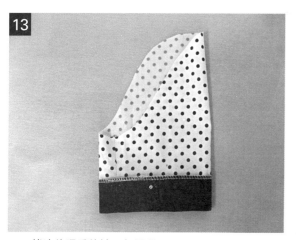

13　拷边处理后的袖口如图所示。

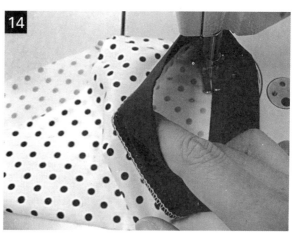

14　将袖克夫向正面翻折，沿袖克夫与袖口缝合线处缉缝
　　0.2 cm止口线，固定克夫缝份。

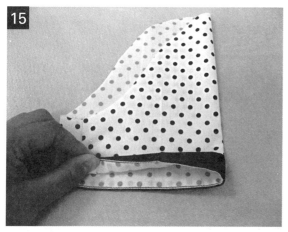

15　将缉缝好的袖克夫熨烫整理，完成图如图所示。

2) 连裁袖克夫

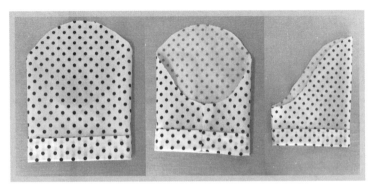

连裁袖克夫完成效果图

练习准备

附录2 page 37
▶ 短袖纸板

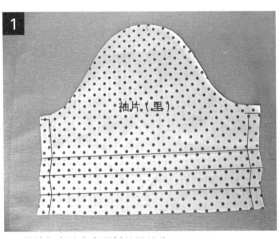

1 裁剪包含袖克夫用料的短袖片。

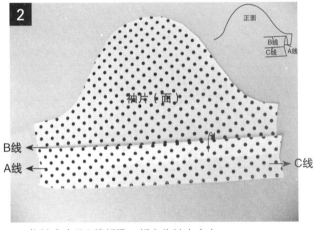

2 将袖克夫沿B线折烫，折向为袖山方向。

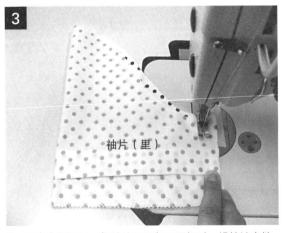

3 袖克夫折烫后，将袖片正面与正面相对，缉缝袖底缝。

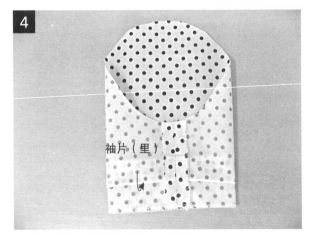

4 将袖底缝缝份分烫并作拷边处理。

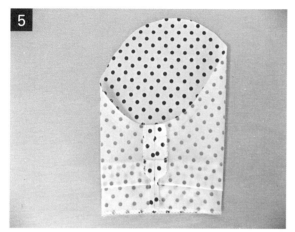

5 将袖克夫缝份部分剪成Y形，且缝份宽度小于袖克夫的宽度。

6 整理缝份，效果图如图所示。

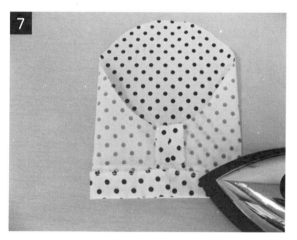

7 缝份整理好后，将袖克夫底端翻折熨烫平整。

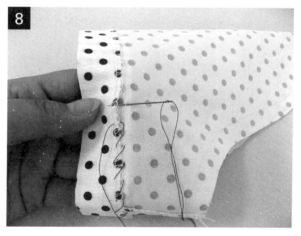

8 将翻折后的袖克夫底端卷边缝固定。
   ※ 整理袖克夫底端，采用的勾针方法有卷边线迹、Z型线迹、撩针3种方法。

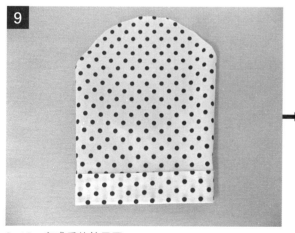

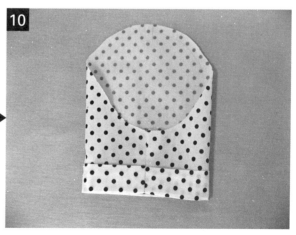

9~10 完成后的效果图。

PART_ 9

袖子制作

1. 圆装袖

圆装袖的特点是袖山较饱满。

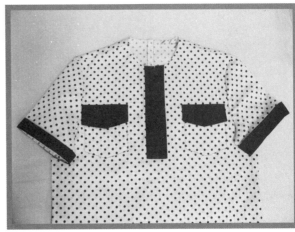

练习准备

附录2 Page 36

▶ 短袖纸板

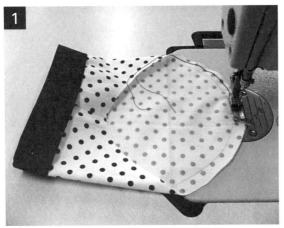

1 在距袖底点4~5 cm处开始，在袖山缝份上缉缝两条
疏针距抽缝线，以备袖山抽缩。

2 缉两条抽缝线后的效果图如图所示。

0.2~0.3 cm

袖缉缝线

0.2~0.3 cm

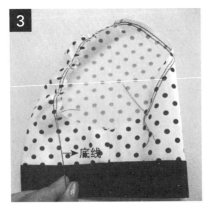

底线

3 抽拉缉缝线底线以抽出袖山细褶。

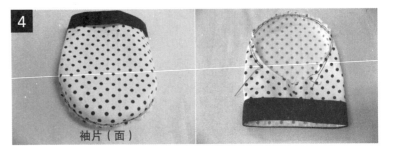

袖片（面）

4 抽裥要均匀、整齐，抽出细褶后的衣袖正、反面如图所示。

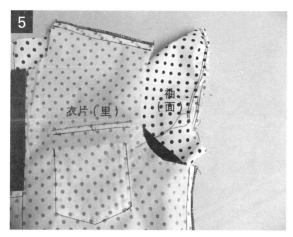

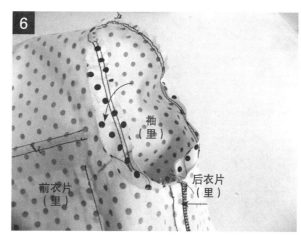

5~6 将衣袖插入，使衣身袖隆弧线正面与袖子的袖山弧线正面相对。

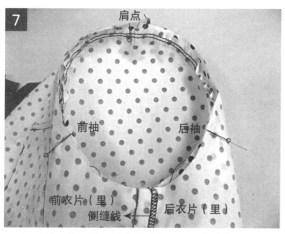

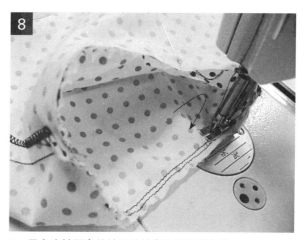

7 标注袖底点、前后袖山的对位记号，肩点与袖山顶点对齐，并用大头针固定。

8 用大头针固定的袖子从袖底沿缉缝线车缝。

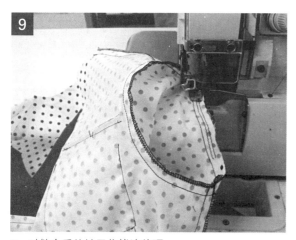

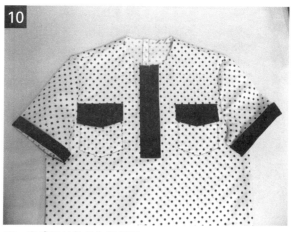

9 对缝合后的袖子作拷边处理。

10 完成后的效果如图所示。

2. 衬衣袖

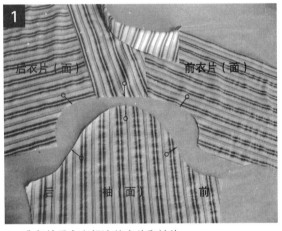

1　准备前后肩点相连的衣片和袖片。

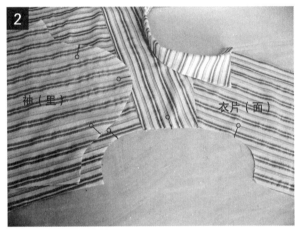

2　将后袖正面与后衣片正面相对，并沿袖窿线缉缝。

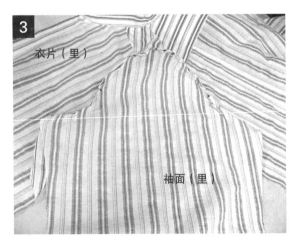

3　缉缝后的反面图。

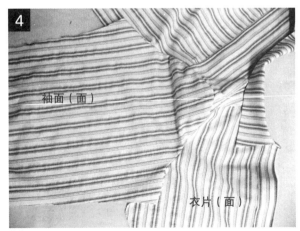

4　缉缝后的正面图。

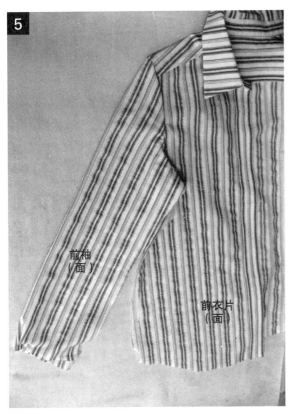

前袖
（面）

前衣片
（面）

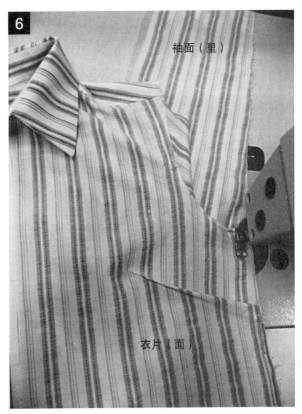

袖面（里）

衣片（面）

5　检查缉缝线，并将缝合的袖缝在反面作拷边处理。

6　袖子与衣身正面相对。从袖口到衣身沿侧缝线缉缝，并将缝份作拷边处理。

3. 绱插肩袖

1）插肩袖A

插肩袖A主要是应用于风衣、正装等款式中。

练习准备

附录2 Page 38, 39
▶ 使用插肩袖衣片和袖纸板

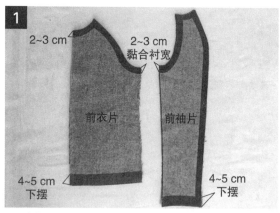

1　准备衣身前片、前袖片。
　※ 领围、插肩、衣片袖隆，袖下摆，缝份部分贴上黏合衬。

2　准备衣身后片、后袖片，同前片一样贴黏合衬。

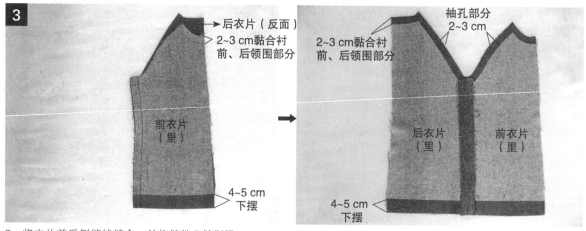

3　将衣片前后侧缝线缝合，并将缝份分缝熨烫。

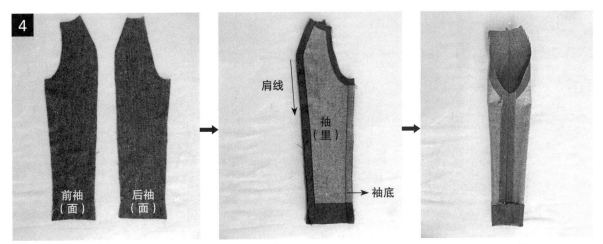

4　将前、后袖片正面相对，缝合袖中线和袖底缝线。缝合完成后将缝份分缝熨烫，袖口缝份向上折烫整理。

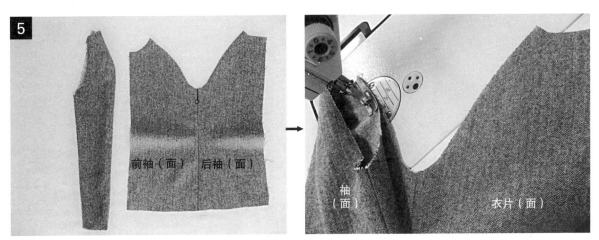

5　将衣袖正面与衣身正面相对，从前往后车缝，拼装衣袖。

6　装上袖子后的效果图。

练习准备

附录2 Page 38, 39
▶使用插肩袖衣片和袖纸板

2）插肩袖B

插肩袖B主要是应用于袖宽与衣身较宽松的休闲款安装插肩袖的款式中。

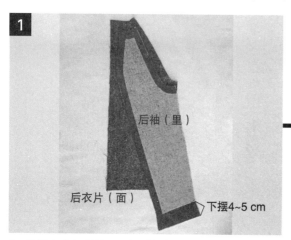
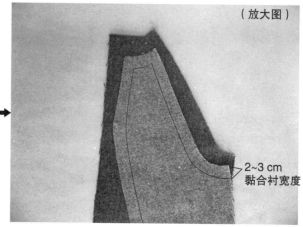

（放大图）

后袖（里）

后衣片（面）

下摆4~5 cm

2~3 cm
黏合衬宽度

1　将后衣片与后袖正面相对缉合。

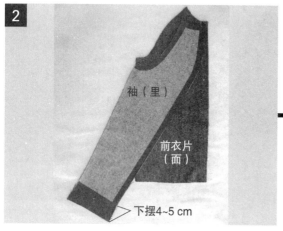
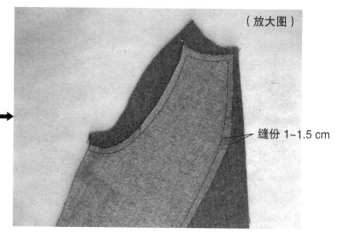

（放大图）

袖（里）

前衣片
（面）

下摆4~5 cm

缝份 1~1.5 cm

2　将前衣片和前袖正面相对缉合。

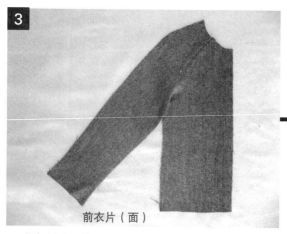

前衣片（面）

后衣片（面）

3　拼好袖片的前、后衣身图。

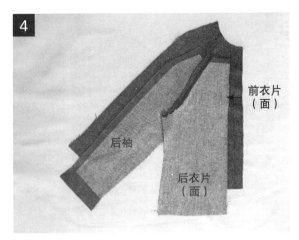

4　将前片和后片正面相对缉合。

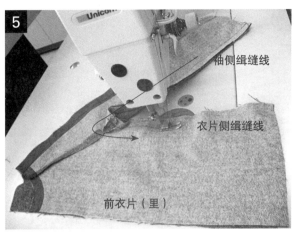

袖侧缉缝线

衣片侧缉缝线

前衣片（里）

5　缝合袖中线，并从袖口开始缝合袖底缝线和衣身侧缝线。

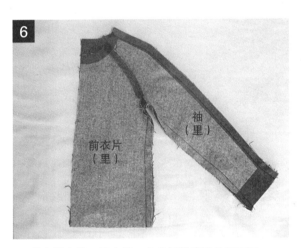

6　缝合袖中线、袖底缝、衣身侧缝线后的反面图。

7　将缝份分缝熨烫整理。

8　向正面翻转后，插肩袖完成图。

（A款式）

（B款式）

9~10　不同方法装插肩袖，完成后的效果图比较。

　　　A款式：主要适用于夹克、大衣等窄袖，袖山较高的正装款式插肩袖设计。

　　　B款式：主要适用于休闲衫、运动装、T恤等宽袖，箱型款式的插肩袖设计。

PART_ 10

装 衣 领

1. 平翻领(平领)

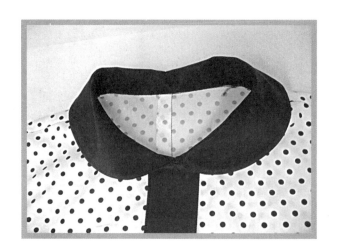

1) 制作平翻领

1

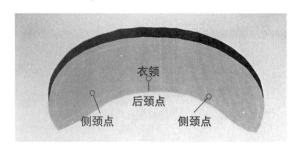

1　两片领面贴上黏合衬后，再重新裁剪。

2

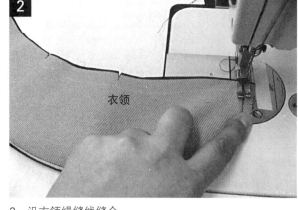

2　沿衣领缉缝线缝合。

3

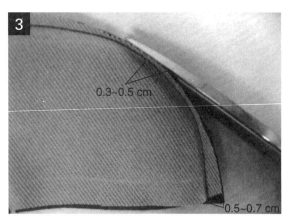

3　整理缝份，圆弧部分的缝份要小些，约0.3~0.5 cm
左右。

4

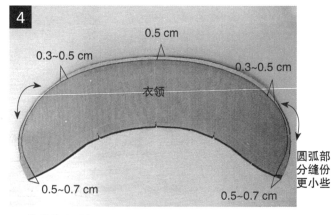

4　缝份整理后如图所示。

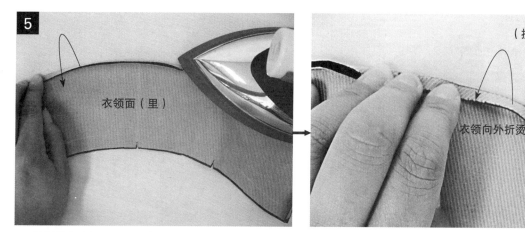

（扩大图）

衣领面（里）

衣领向外折烫

5 将缝份向衣领正面折烫整理。

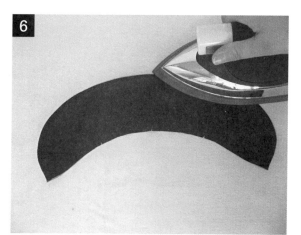

6 将领子翻到正面，熨烫整理。

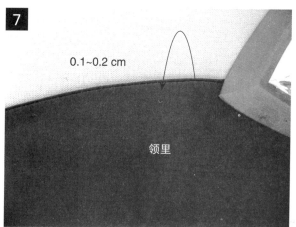

0.1~0.2 cm

领里

7 注意烫出的衣领轮廓线应里外匀称。

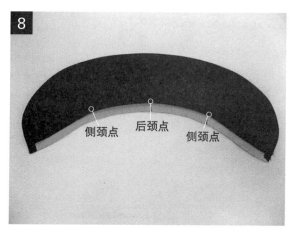

侧颈点　后颈点　侧颈点

8 平翻领完成效果图。

2) 装平翻领

1　准备平翻领和衣身。

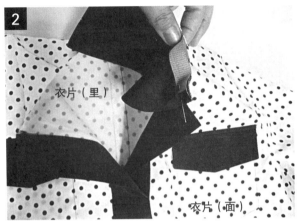

2　将领面正面缝份与衣片反面领口缝份相对齐，按前颈点—侧颈点—后颈点顺序沿领圈线将衣领与衣片领口缉合线对齐。

3　衣领反面与衣片前、侧、后颈点相对齐后沿领围车缝，缝合后效果如图所示。

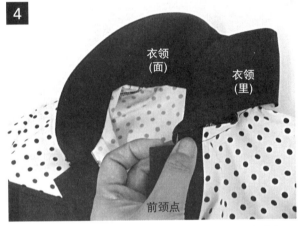

4　与衣片反面缝合的衣领向衣片正面翻折，并包住领口缝份，与领围缉缝线对齐。

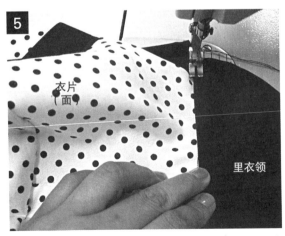

5　与领圈线对齐后，沿领子缉合线压缉0.2~0.3 cm止口线。

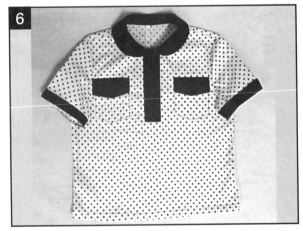

6　完成后的效果图。

2. 衬衣领（立翻领）

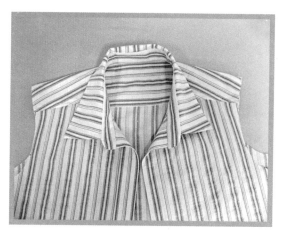

练习准备

附录2 page 43 ▶ 衬衫领子纸板

附录2 page 44 ▶ 衬衫前片纸板

附录2 page 45 ▶ 衬衫后片纸板

1）制作衬衣领

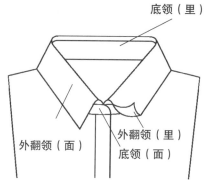

底领（里）

外翻领（面）   外翻领（里）
底领（面）

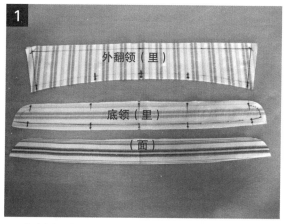

1 外翻领（里）
底领（里）
（面）

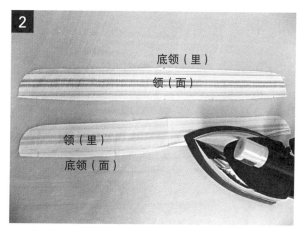

2 底领（里）
领（面）
领（里）
底领（面）

1 准备衬衣领片。注意裁剪时备足领面，贴上黏合衬后再准确裁剪。

2 在衣领反面将领下口缝份向上折烫1 cm。

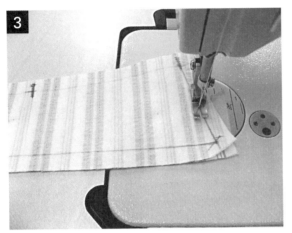

3　两片外翻领正面与正面相对，沿缉缝线缝合。

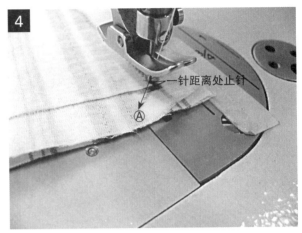

一针距离处止针

A

4　离领角一针处止针，抬压脚。

5　将领角转向斜线Ⓐ方向，把备好的约10 cm长的红线紧靠机针放置。

6　将紧靠缝纫针的红线车缝一针后如图所示（反面）。

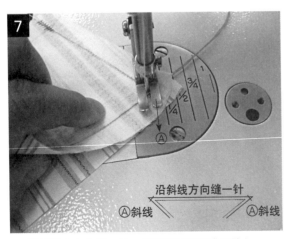

沿斜线方向缝一针
Ⓐ斜线　　　　Ⓐ斜线

7　沿斜线方向车缝一针，使红线可以绕缠到针上。

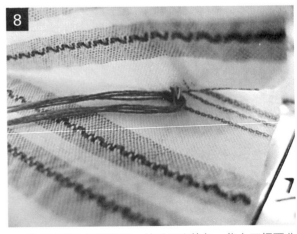

8　线插进状态下再车缝一针后压脚抬起，将上下领面分开，将红线绕针一周。

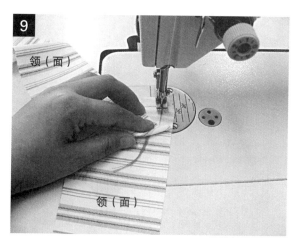

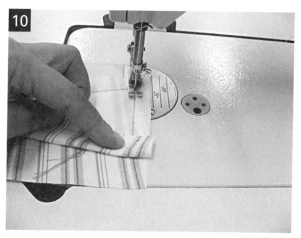

9　红线绕针后，外翻领转回原状放下压脚。另一领角也用同样方法带入红线。

10　沿外翻领外轮廓缉缝一圈。

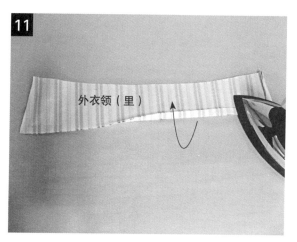

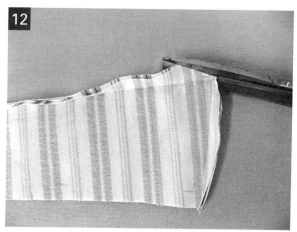

11　将外翻领缝份向领里方向折烫整理。

12　为了使领角美观，将缝份剪短并整理。`

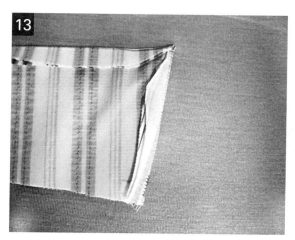

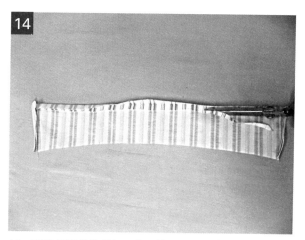

13　领角缝份整理后如图所示。

14　再将领里缝份剪短，使得缝份有层次。

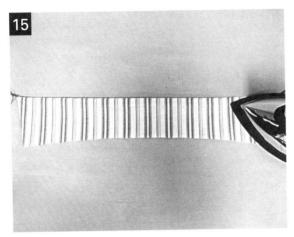

15 将衬衫外翻领向正面翻转，熨烫整理。

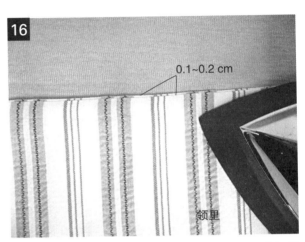

0.1~0.2 cm

领里

16 领面比领里要有0.1~0.2 cm左右的里外匀，以保证缉
线不外露，领里不外翻，领外口顺直。

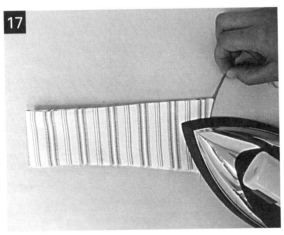

17 抓住领角处的两根红线，将领角拉出，两尖大小一
致，最后熨烫整理。

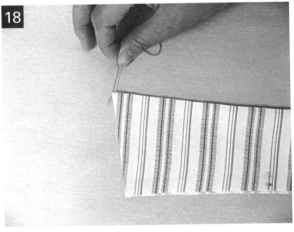

18 领角整理好后，将红线拉出。

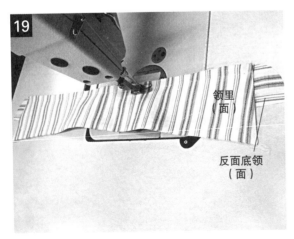

领里
（面）

反面底领
（面）

19 翻领领里正面与底领领面正面相对缝合。

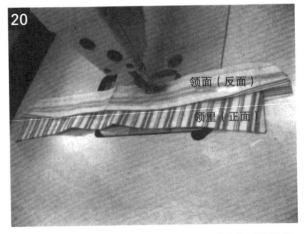

领面（反面）

领里（正面）

20 外翻领反面向上折到下领面的正面，按底领形状缉缝。

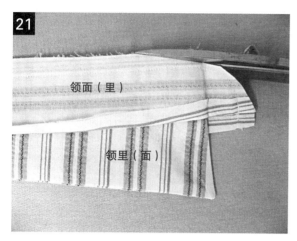

21　将底领前中心部分的圆弧形缝份剪短至0.2~0.3 cm
左右。

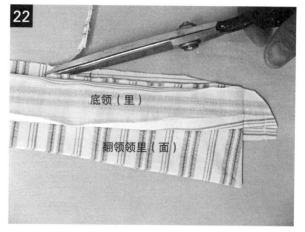

22　将底领间缉缝的翻领缝份有层次的剪短并整理。

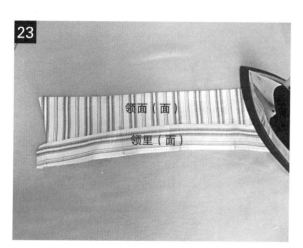

23　整理缝份后，底领翻到正面作成型熨烫整理。

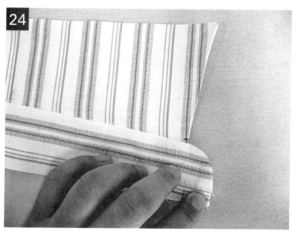

24　将底领折半，确认左、右对称。

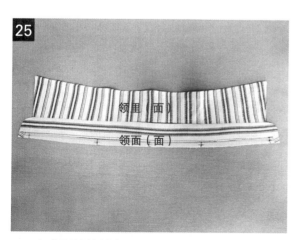

25　完成后的衬衫衣领。

2）装衬衣领

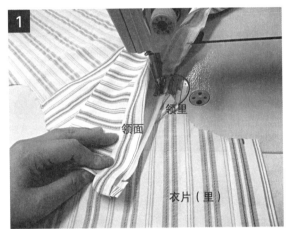

1 衣片反面领口缝份与领下口缝份正面相对，从衣片反面装领。

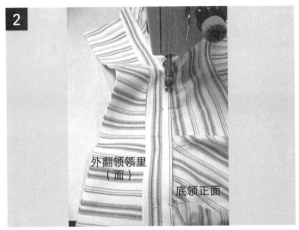

2 缉合后的衣领翻向衣片正面，沿装领线在衣领上缉缝0.1 cm止口线固定。

3 完成后的衬衫领子图。

4 完成后的衬衫领子放大图

3. 立领

练习准备

附录2 page 46 ▶ 使用立领纸板

附录2 page 47 ▶ 使用前片纸板

附录2 page 48 ▶ 使用后片纸板

1）制作立领

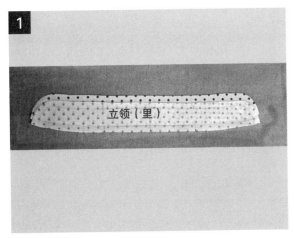

1 领面贴上黏合衬后准确裁剪。

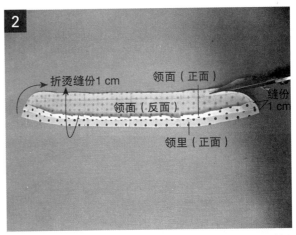

2 将领面下端缝份折烫后，正面与正面相对按领样缉缝。

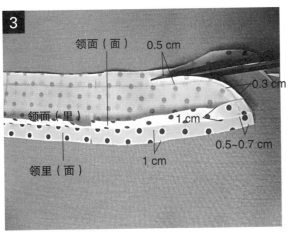

3 领子圆弧部分缝份为0.3 cm，剪短并整理。

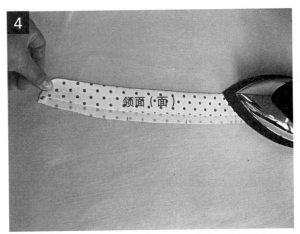

4 将整理后的衣领缝份向领里方向折烫，然后将衣领向正面翻出，并沿边缘烫平。

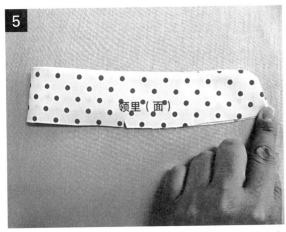

5 将立领对折，检查左、右两角是否对称（要做到左右对称）。

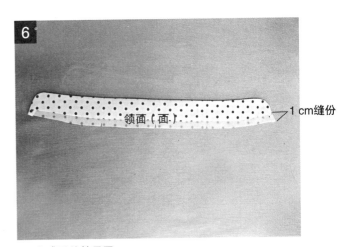

6 完成后的效果图。

2）装立领

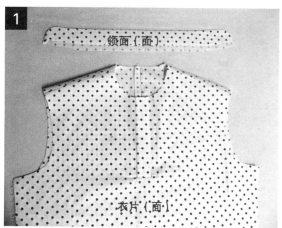

1 备好立领和衣片。

2 将衣片的反面朝上与领里的正面相对，且对齐缝份（缝份的宽窄要一致）。

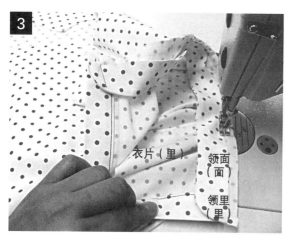

3 将衣领与衣片的前、侧、后颈点对位对好，沿领口缉缝。

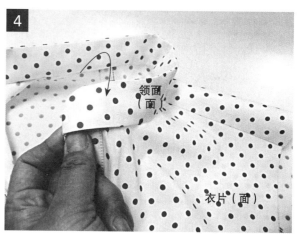

4 缝好的衣领向衣片正面翻转，包住领口缝份，且与领口装领线对齐。

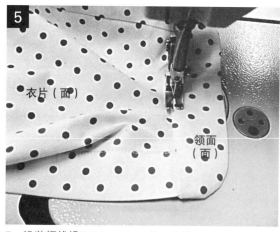

5 沿装领线缉压0.1~0.2 cm的止口线。

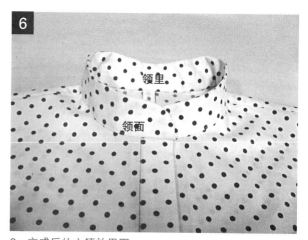

6 完成后的立领效果图。

4. 女式衬衫领（敞开领）

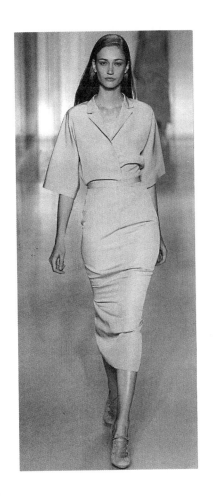

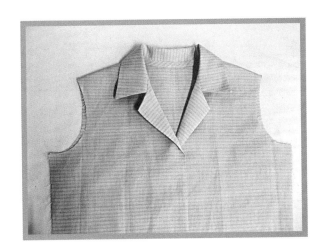

练习准备

附录2 page 49　▶使用敞开领纸板

附录2 page 50　▶使用前片纸板

附录2 page 51　▶使用后片纸板

1）制作女式衬衫领

1　将黏合衬黏在领片上后再裁剪。

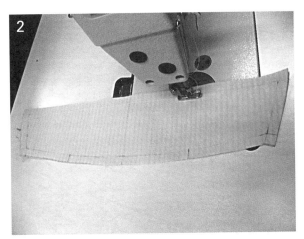

2　按画好的领样缝合领面与领里。

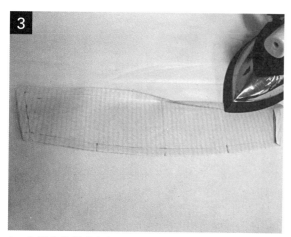

3 将领片的缝头向领里方向折烫。

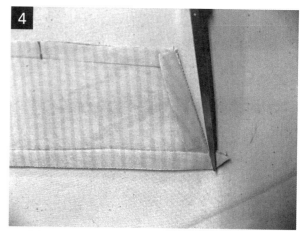

4 将领角重叠部分的缝份剪短并整理。

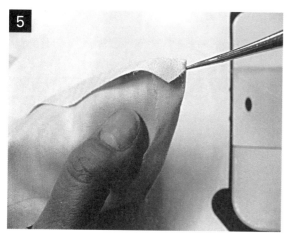

5 处理领角部分时，应用锥子向领子正面方向轻推，然后将领子翻过来。

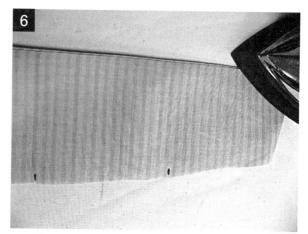

6 将领子向正面翻转后，领里朝上，熨烫整理领外轮廓线。

7 女式衬衫领完成图。

2）装女式衬衫领

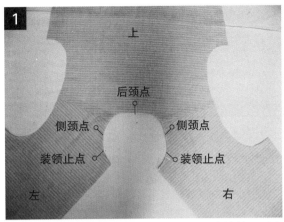

1 将前，后衣片的正面相对缝合肩缝。连接前，后衣片的肩线。

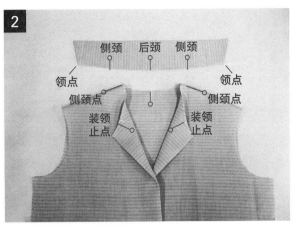

2 备好的领子与衣身图。

3 后领围斜纹条用相同的面料作裁剪准备。
斜条布长：后领围+6~8 cm。
斜条布宽：领围缝份×4。

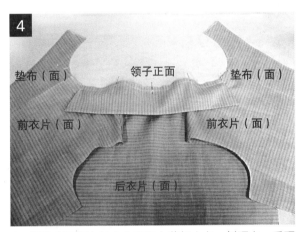

4 领里（正面）与衣片正面上装领止点、侧颈点、后颈点的对位对齐。

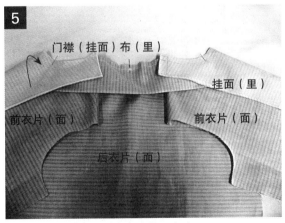

5 将门襟（挂面）贴布翻向领子方向。

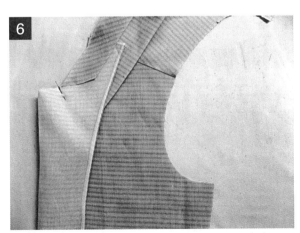

6 将斜纹条置于挂面上面，与挂面重叠3 cm左右，反面朝上。

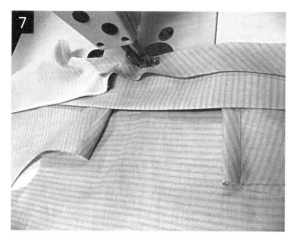

7 将衣片、领子、挂面、斜条布按顺序放置，从前颈点开始沿领口装领线缝合。

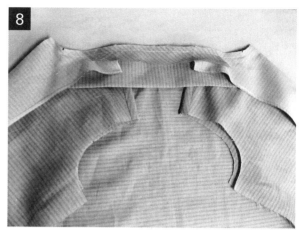

8 缝合后效果图。

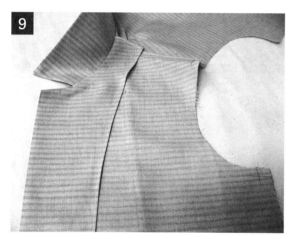

9 将挂面沿前中心翻折至衣身内侧，并熨烫整理。

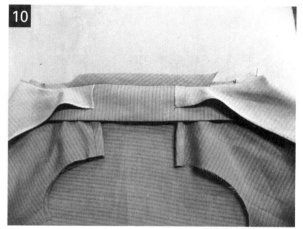

10 将放置在最上面缝合的斜条布翻开熨平。

※ 衬衫领机缝顺序
　 缉合领面后，将挂面正面翻转，并将前衣片领口线与挂面领口相对固定。

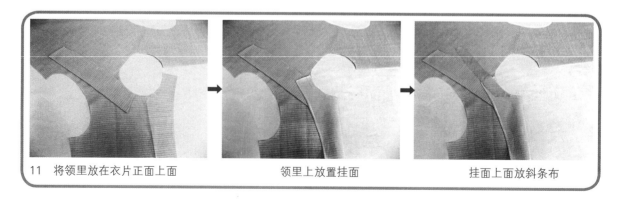

11 将领里放在衣片正面上面　　　　　　领里上放置挂面　　　　　　挂面上面放斜条布

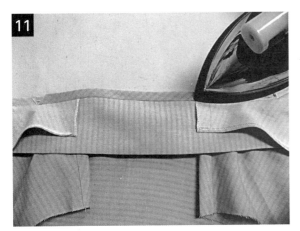

11　用斜条布将领口缝份包起来熨烫整理。

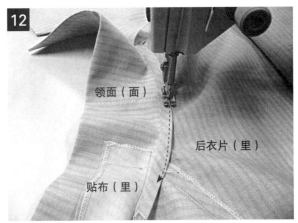

领面（面）

后衣片（里）

贴布（里）

12　将斜布条包住的后领圈缝份在折光的斜条布上缉缝0.1~0.2cm止口线固定。

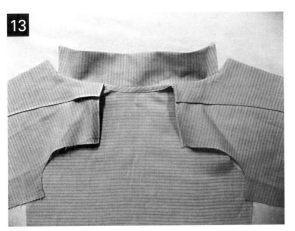

13　装领后的衣片内部效果图。

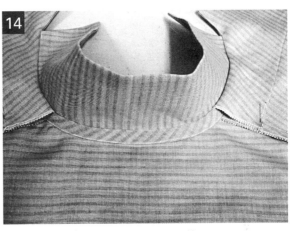

14　用斜条布将后领口包缝处理后的效果图。

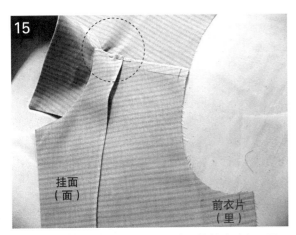

挂面（面）

前衣片（里）

15　将挂面肩线的缝份与衣片肩线的缝份端对齐，用三角针法或暗缲针法固定，并将衣片肩线缝份与挂面肩线缝份一起缝合。

前衣片（面）

16　完成后的女式衬衫领效果图。

5. 蝴蝶结领

┌─ **练习准备** ─────────────────┐
│ 附录2 page 52 ▶ 使用蝴蝶结领纸板 │
│ 附录2 page 53 ▶ 使用前衣片纸板   │
│ 附录2 page 54 ▶ 使用后衣片纸板   │
└────────────────────────────┘

1) 制作蝴蝶结领

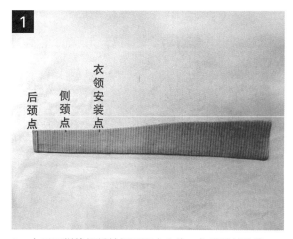

1 在反面拼接蝴蝶结领后颈中心线，将蝴蝶结连接。

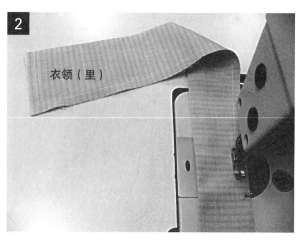

2 除装领线外，将领四周缝份缉合。

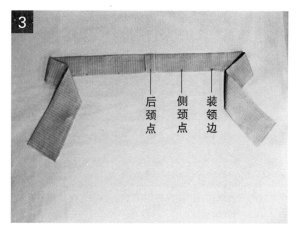

3　领结部位缉缝后效果图。

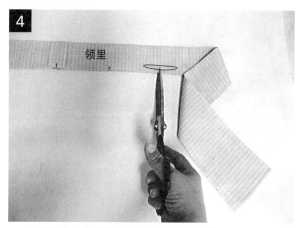

4　在装领止点处的缝份上打剪口全装领线。

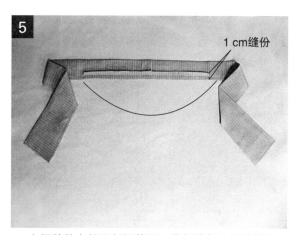

5　衣领缝份向领里折烫整理，装领线部分领里缝份向上折烫1cm。

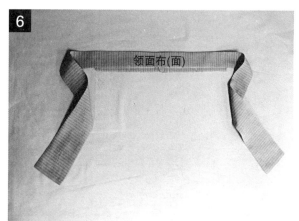

6　将领结翻至正面，熨烫整理。

※ 蝴蝶结须长，如果一块面料无法裁剪，在后颈中心线拼接。

2）装蝴蝶结领

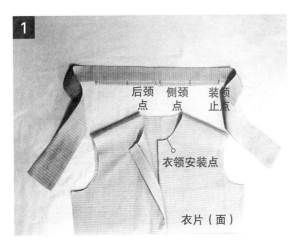

后颈点　侧颈点　装领止点

衣领安装点

衣片（面）

1　准备好蝴蝶结领和衣身。

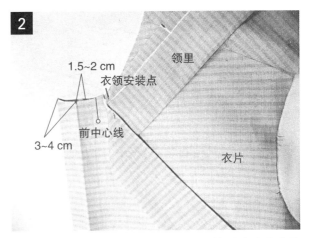

1.5~2 cm

衣领安装点

领里

前中心线

衣片

3~4 cm

2　将领面的正面放在衣片的正面上，装领点与衣身安装对齐。

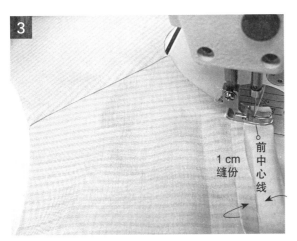

1 cm
缝份

前中心线

3　将前衣片衣襟翻转，在领口线处自身缝合至装领点。

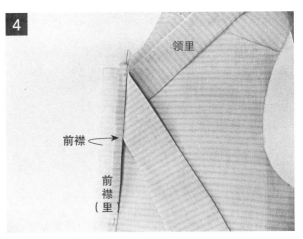

领里

前襟

前襟
（里）

4　装领点缝份打剪口，前襟向正面翻转，装领点与蝴蝶结领相对。

5　沿装领线缉缝蝴蝶结领。

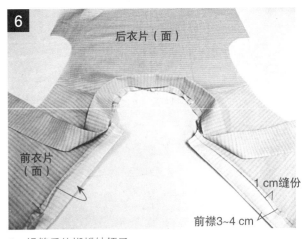

后衣片（面）

前衣片
（面）

1 cm缝份

前襟3~4 cm

6　缉缝后的蝴蝶结领子。

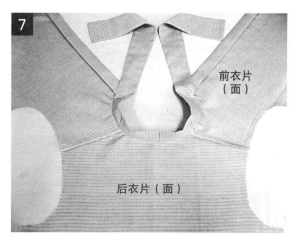

7 缉好的领子向衣身反面翻转并将缝份包入蝴蝶结领内。

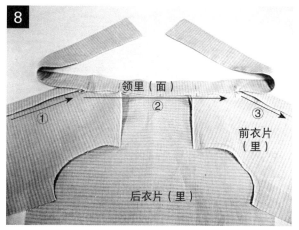

8 向衣身反面翻转的蝴蝶结领的装领线与侧颈点、后颈中心点、前装领止点对齐，并用大头针固定。

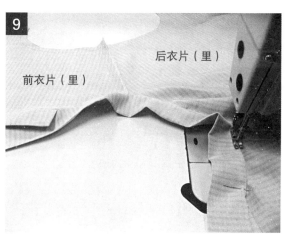

9 在衣领上缉缝0.2 cm止口线。

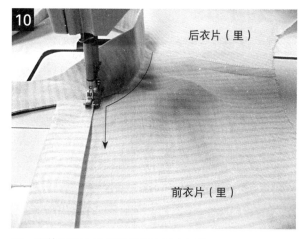

10 顺接衣领止口线缉缝前衣襟止口线。

11 装好的蝴蝶结领。

12 完成后的蝴蝶结领图。

6. 西装领

练习准备

附录2 page 55　▶ 西装领纸板制图

附录2 page 56　▶ 前衣片纸板制图

附录2 page 57　▶ 后衣片纸板制图

1）制作西装领

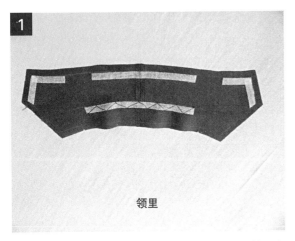

领里

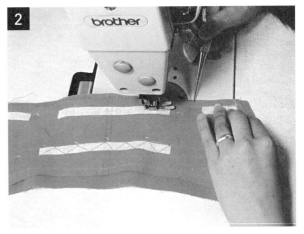

1　将黏合衬黏在领里上，按尺寸裁剪，拼领里缝后中心线，将缝份分缝烫平。在领里缝合线周围向内0.2~0.3 cm处拉嵌条，后领翻折线处也拉嵌条，并用环针法固定。

2　领面与领里的正面相对缝合，领面要有松量，领面比领里大0.2~0.3 cm，缝份四周对齐后，领里置于上层车缝。

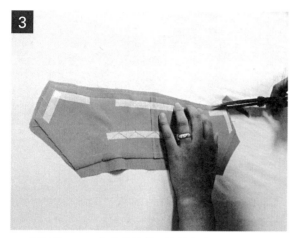

3　领面留0.7 cm左右的缝份，修剪多余缝份。

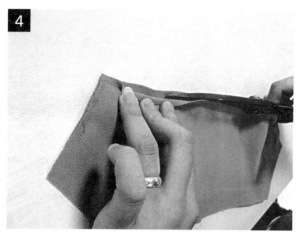

4　将领里0.5 cm左右宽的缝份剪短至0.3~0.5 cm，并成阶梯状。

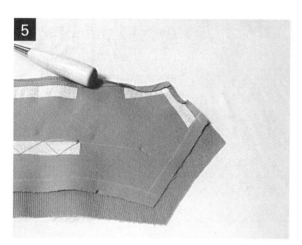

5　将缝份向领里折烫。

6　将领子翻转过来。

2）装西装领

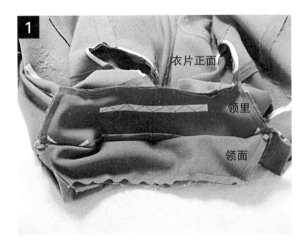

1　将衣领放置在安装处缝合。

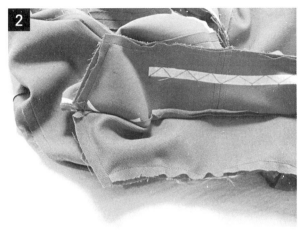

2　缝合后的西装领子图。

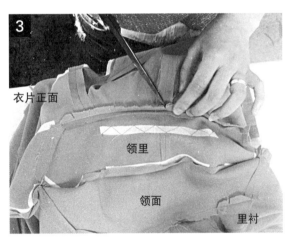

3　将缝份打剪口以便于翻转。

4　为避免衣片与领子缝份重叠，将缝分分缝烫平。

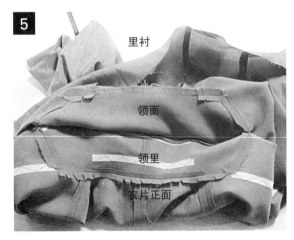

5　分缝烫平后的缝头图。

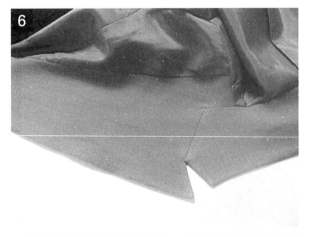

6　将缝合好的领子整理缝份后，向衣片正面翻折且将领子整理成型。

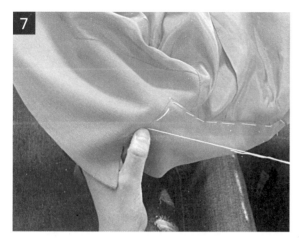

7　在衣身正面沿领口缉缝线将领面、领里用手针假缝固定。

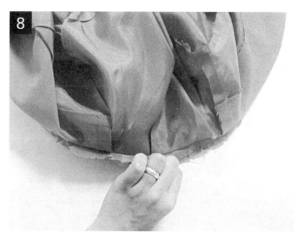

8　疏缝后的领口缉缝线向内翻折，领面和领里缝份疏缝，将领子合缝固定。

9　衣领缝份固定后，领口反面缉线图。

领里

衣片（面）

10　领子合缝后领里图。

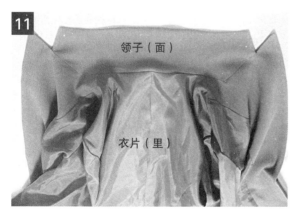

领子（面）

衣片（里）

11　领子合缝后领面图。

7. 青果领

练习准备

附录2 page 58 ▶ 使用青果领纸板
附录2 page 59 ▶ 前衣片纸板
附录2 page 60 ▶ 使用后衣片纸板

※ 制作练习用的设里布青果领

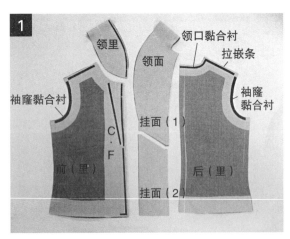

1　裁剪青果领的领面、领里，衣片贴黏合衬。

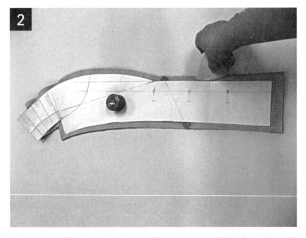

2　将领面挂面（1）与衣片挂面（2）连接缝合，并分缝烫平。在连接好的挂面上放好纸样（裁剪样板）画好缝缉线。

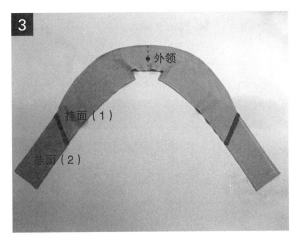

3 拼接后的青果领挂面图。

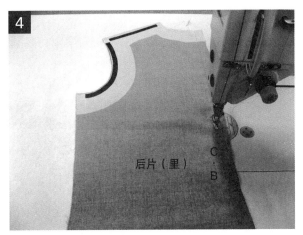

4 将衣片后中心缝合，并分缝烫平。

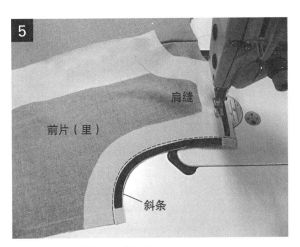

5 缝合前后肩缝，分缝烫平。

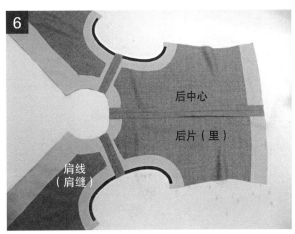

6 缝合前后肩缝后的效果图。

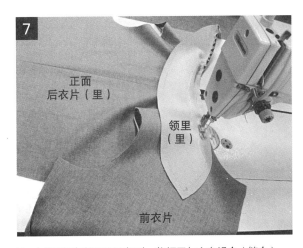

7 衣片正面与领里正面相对，将领里与衣身缝合（缝合）。

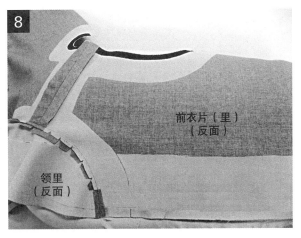

8 拼接后的领里沿其装领线将缝份打剪口，且倒向领里烫平。

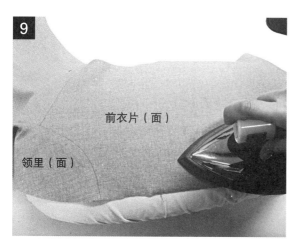

9 衣片和领里缝份剪成阶梯状修整，使衣领平整伏贴。

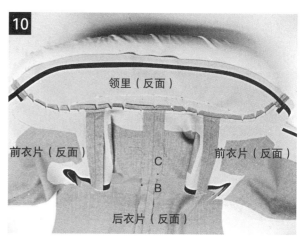

领里（反面）

前衣片（反面）　前衣片（反面）

C
B

后衣片（反面）

10 缝份整理后，领里缝合反面效果图。

贴布（里）

后衣片（面）

11 将衣片正面与接好的挂面正面相对，对好缝合线。

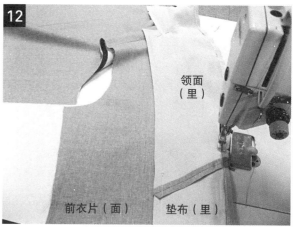

领面（里）

前衣片（面）　垫布（里）

12 将青果领挂面与前衣片缝合。

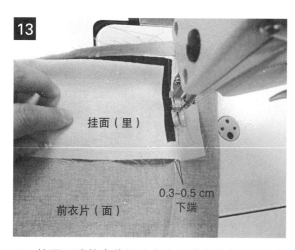

挂面（里）

前衣片（面）

0.3~0.5 cm
下端

13 挂面下端缝合线要比衣片下端的缉合线向下约0.3~0.5 cm，将下端缝合。

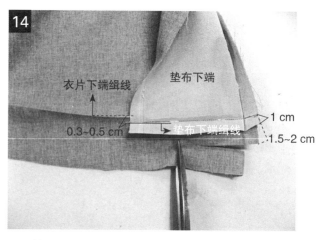

衣片下端缉线　垫布下端

0.3~0.5 cm　垫布下端缉线

1 cm

1.5~2 cm

14 整理下端缝份并剪成阶梯状。

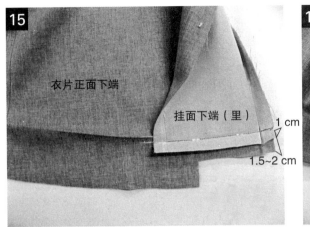

1 cm

挂面下端（里）

衣片正面下端

1.5~2 cm

15 挂面下端缝份整理后的效果图。

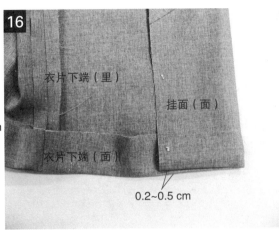

衣片下端（里）

挂面（面）

衣片下端（面）

0.2~0.5 cm

16 挂面翻转后的下端效果图。

17 缝合前、后片侧缝线，分缝烫平。

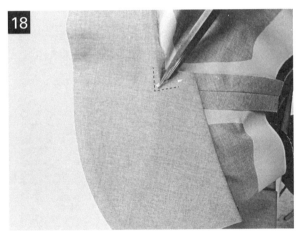

18 领面、挂面肩点处打剪口。

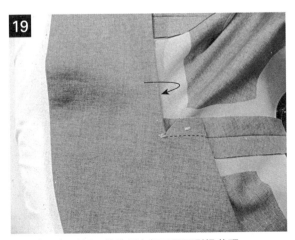

19 青果领后领口缝份折向领子里面熨烫整理。

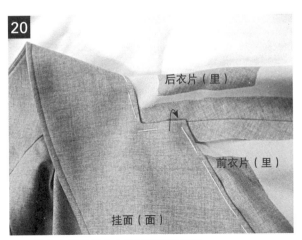

后衣片（里）

前衣片（里）

挂面（面）

20 将肩点缝份折向衣片里面熨烫整理。

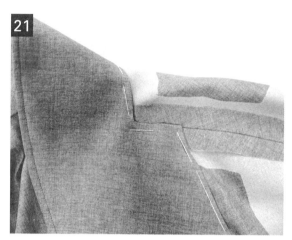

21 沿领口通过肩线折烫缝份后，装领线用疏针固定。

22 后领圈线和挂面肩线用挑针（撩针）完成。

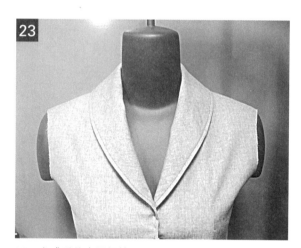

23 完成后的青果领效果图。

PART_ 11

贴边处理
（领口、袖窿）

1. 斜条贴边

练习准备

附录2 page 61　▶使用前衣片纸样

附录2 page 62　▶使用后衣片纸样

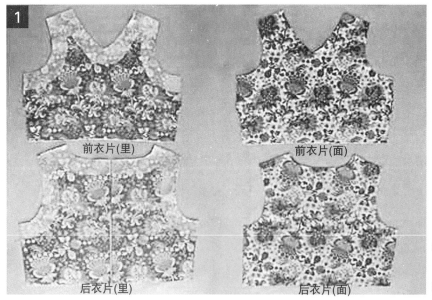

前衣片(里)　　　　　前衣片(面)

后衣片(里)　　　　　后衣片(面)

斜条长：袖窿+3~4 cm;
　　　　颈围+3~4 cm。

斜条宽：领口，袖窿缝饰×4。

1　连接前后衣片的领口肩线且袖窿贴黏合衬，然后前、后肩线，侧缝线缉合，分缝烫平。

2 将衣片袖窿处的正面与斜条布的正面相对，沿袖窿线的缉缝线缝合。

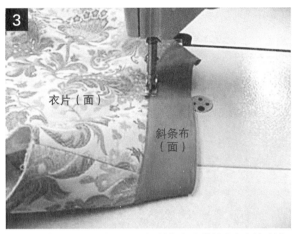

3 将斜条布向外翻出，衣片与斜条布的缝份全部侧向斜条布一侧，缉缝0.2 cm止口线，固定斜条布与缝份。

4 斜条布固定后的袖窿反面效果图。

5 将袖窿缝头打剪口整理。

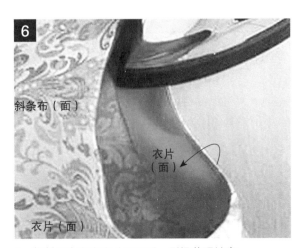

6 将斜条布翻向衣片里面后，熨烫整理袖窿。

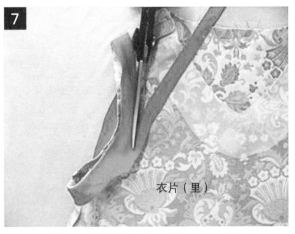

7 留下能包住袖窿缝份的宽度，贴边1 cm+缝份0.5 cm，剪掉多余缝份。

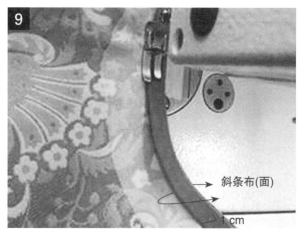

8　斜条布缝份向内折烫0.5 cm后，再次熨烫整理。

9　在斜条布上压缉0.2 cm止口线。

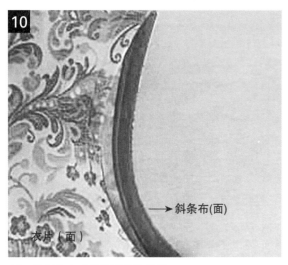

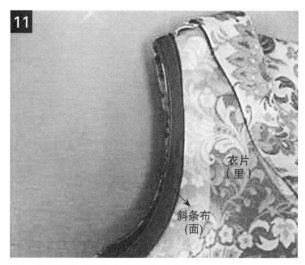

10　斜条布完成后的正面效果图。

11　斜条贴边完成后的反面效果图。

2. 原布料贴边

1）领口贴边

练习准备

附录2 page 61　▶ 使用前衣片，领口贴布，袖窿贴布纸样

附录2 page 62　▶ 使用后衣片，领口贴布，袖窿贴布纸样

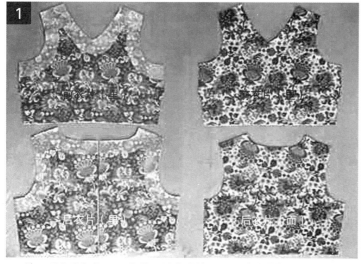
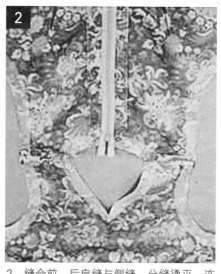

1　前、后衣片与领口、肩线、袖窿连接后，黏贴裁剪好的黏合衬，以备用。

2　缝合前、后肩缝与侧缝，分缝烫平，连接前后衣片。

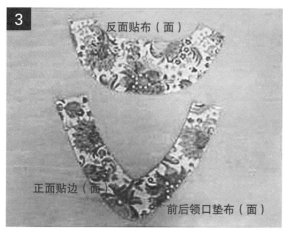
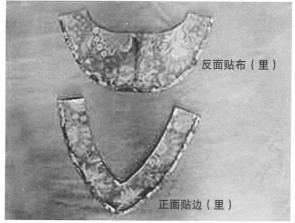

3　前、后领口贴上黏贴衬布后，重新准确裁剪。贴布周围拷边，将拷边折烫，缉0.2 cm止口线固定贴布缝份。

4　拼合领圈贴布前、后肩缝，分缝烫平。

5　准备用于斜条布制作的2~3 cm宽的布环料，折半（1~1.5 cm）后，缉0.3~0.5 cm宽的缉缝线，并整理缝份。

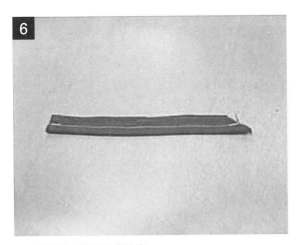

6 布环料一端整理成斜线。

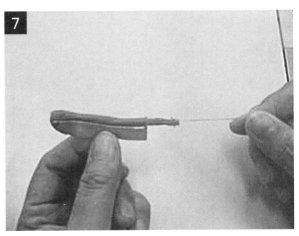

7 斜角处用针线缠绕2~3圈，针鼻儿插进布环内从另一端口拉出，翻转布环。

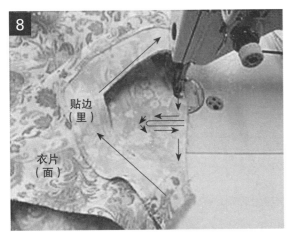

贴边（里）

衣片（面）

8 衣片正面与贴边正面相对沿领圈线缝合。

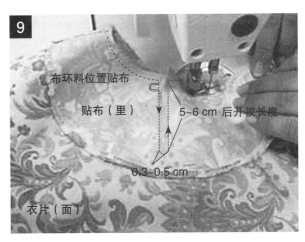

布环料位置贴布

贴布（里）

5~6 cm 后开衩长度

0.3~0.5 cm

衣片（面）

9 缝领圈时，先对着衣片正面后颈中心线扣眼位置放置好布环，再沿后颈中心的开衩线缉缝。

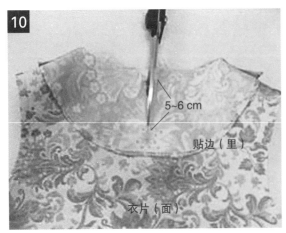

5~6 cm

贴边（里）

衣片（面）

10 在贴边与衣片后中心线处剪后颈开衩长5~6 cm的剪口。

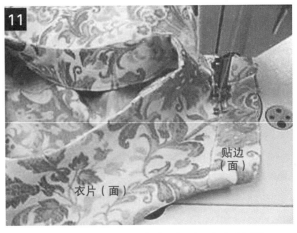

贴边（面）

衣片（面）

11 领圈线贴边和缝份全部向外翻折后，在贴边侧缉0.2 cm的止口线。在领圈处沿领口开剪口并整理缝份。

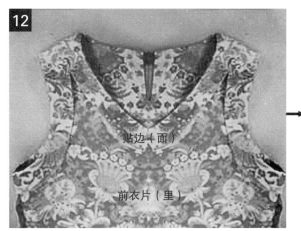

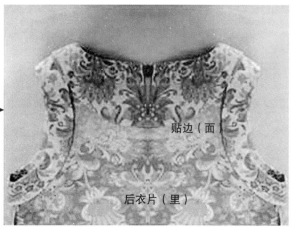

12　领口贴边向里翻折烫平整理后的效果图。

后衣片(里)效果图。

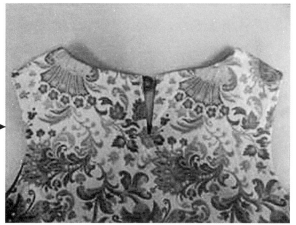

13　贴边处理后V型领正面图。

贴边处理背面图。

2） 袖窿贴边

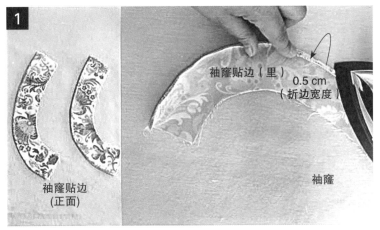

1　前后袖窿贴边贴黏合衬并裁剪，边缘拷边后折烫缝份。

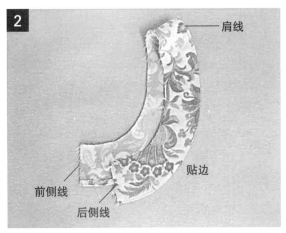

2　袖窿贴边前、后肩侧缝拼合，分缝熨烫整理，贴边折烫缝份缉缝止口线。

3　袖窿贴边正面与衣片正面相对，沿袖窿线缝合。

4　贴边和衣片缝份倒向贴边，缉缝0.2 cm止口线，将缝头固定在贴边上。

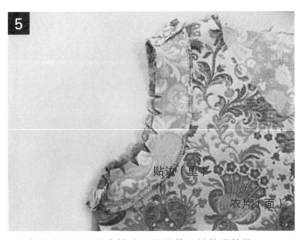

5　在衣片反面，袖窿缝头开等量剪口并整理缝份。

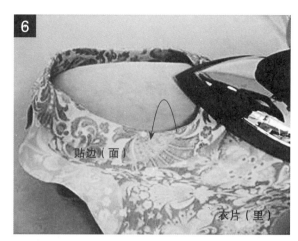

6 贴边向衣身反面翻折后，整烫袖窿。

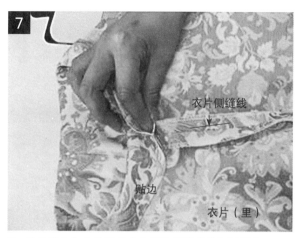

7 贴边缝头与衣片缝头在肩线和侧缝线处加以固定。

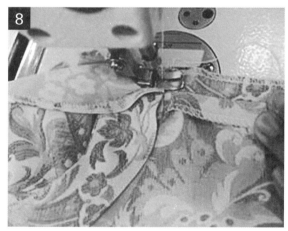

8 贴边和衣片在侧缝的缝份缉缝固定。

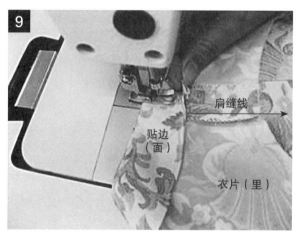

9 对齐贴边和衣片在肩缝处的拼缝线，车缝拼缝线加以固定。

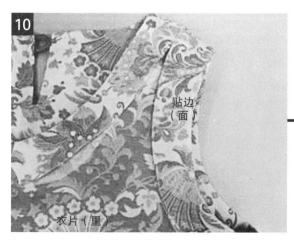

10 贴边处理后的无袖袖窿反面。

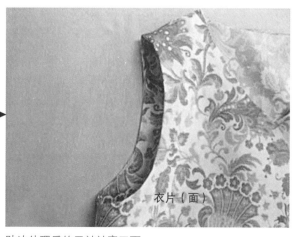

贴边处理后的无袖袖窿正面。

3） 领圈与袖窿相连的贴边

练习准备

附录2 page 63　▶ 使用前片贴边纸板

附录2 page 64　▶ 使用后片贴边纸板

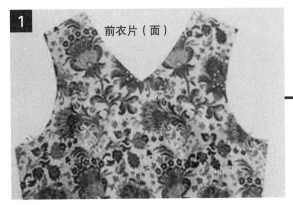
前衣片（面）

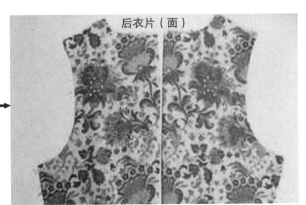
后衣片（面）

1　备用的前、后衣片。

前衣片（里）

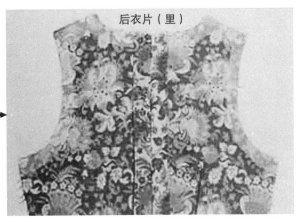
后衣片（里）

2　在衣片反面将领圈、袖窿、拉链位置贴上黏合衬。

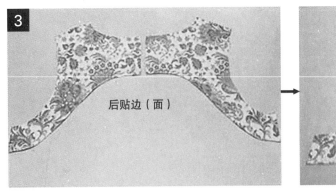
后贴边（面）

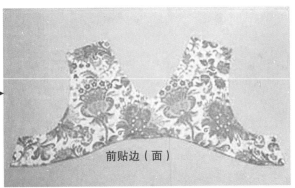
前贴边（面）

3　准备贴边。

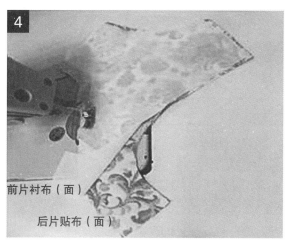

4 裁剪与前、后贴边相同大小的黏合衬以备用。后衣片贴边正面与黏合衬正面相对，在贴边底边0.5~1 cm缝份处缉线缝合。

前片衬布（面）

后片贴布（面）

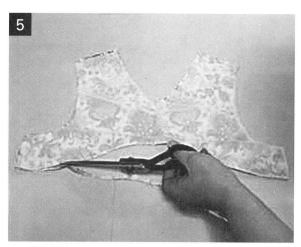

5 修剪缝份，留0.3~0.5 cm。

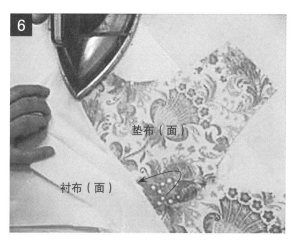

6 衣片正面的缝份与黏合衬缝份端相接。

垫布（面）

衬布（面）

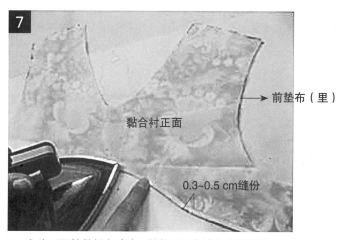

7 衣片正面缝份折向贴边，缝份沿黏合衬的边缘烫平。

前垫布（里）

黏合衬正面

0.3~0.5 cm缝份

8 从黏合衬的中心向边缘熨烫，要伏贴、平整。

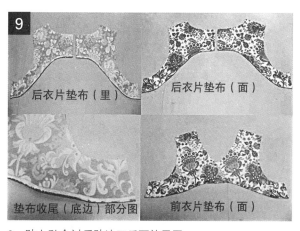

9 贴上黏合衬后贴边正反面效果图。

后衣片垫布（里）　后衣片垫布（面）

垫布收尾（底边）部分图　前衣片垫布（面）

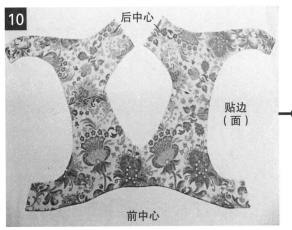

10　缝合贴边前、后肩缝且分缝烫平。

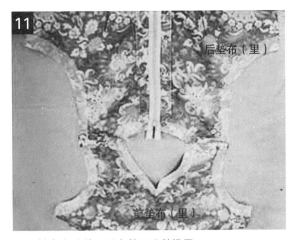

11　缝合衣片前、后肩缝且分缝烫平。

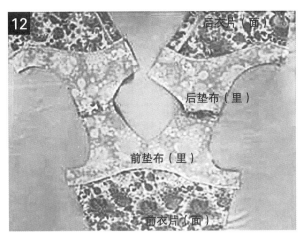

12　将贴边和衣片的正面相对。

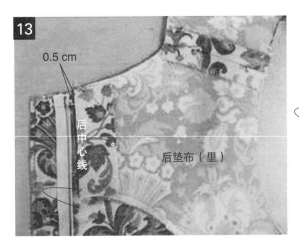

13　后贴边中心线缝份要比正面缉缝线小0.5 cm且折边烫平。

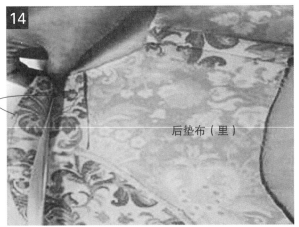

14　将缉缝在衣片缝份上的隐形拉链翻至贴边方向。

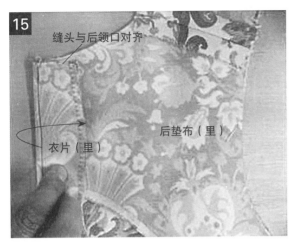

缝头与后领口对齐

衣片（里）

后垫布（里）

15 翻折后拉链缝份与领圈线对齐后的效果图。

前垫布（里）

16 衣片正面与贴边正面相对，从后向前沿领口缝份缝合。

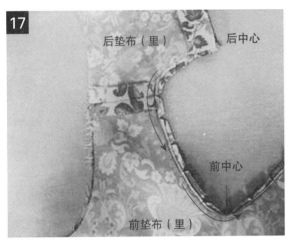

后垫布（里）　　后中心

前中心

前垫布（里）

17 将缉合后的领圈线缝份剪成阶梯形，沿领圈缝份剪成三角形剪口。

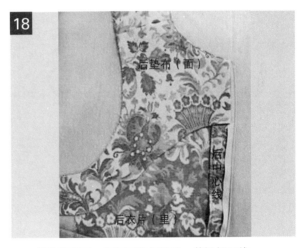

后垫布（面）

后中心线

后衣片（里）

18 缝份整理后，将领圈翻折烫平，整烫领口线。

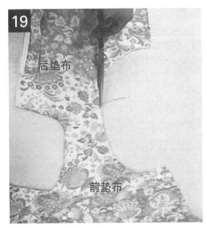

后垫布

前垫布

19 用疏缝将前、后领口的缉缝线固定，并与衣片的袖窿缝份相对，整理贴边的缝份。

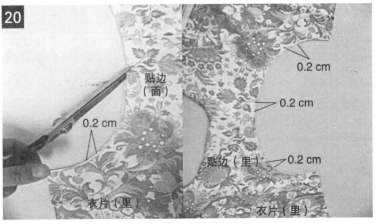

贴边（面）

0.2 cm

0.2 cm

0.2 cm

贴边（里）　　0.2 cm

衣片（里）

衣片（里）

20 贴边的袖窿缝份要比衣片的袖窿缝份小0.2~0.3 cm，且修剪整理。

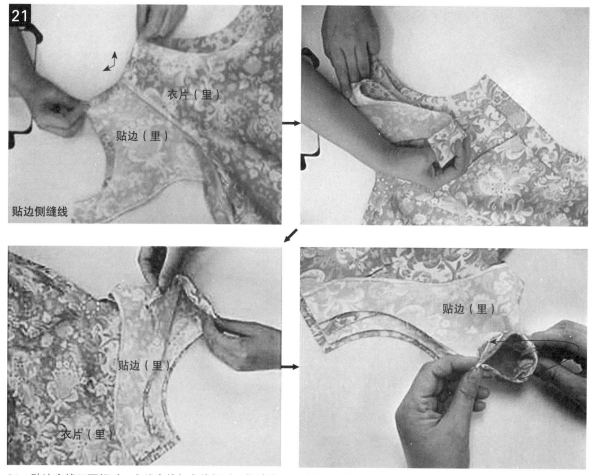

21　贴边肩线正面相对、衣片肩线与肩线相对，将贴边和衣片肩缝对叠。

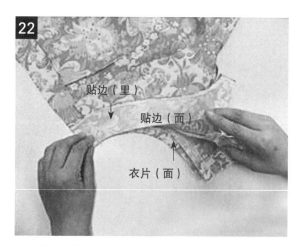

22　前贴边袖窿正面与衣片袖窿正面相对。

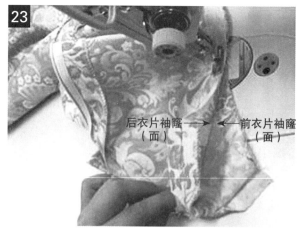

23　将贴边正面与衣片正面从侧缝缝合至袖窿。

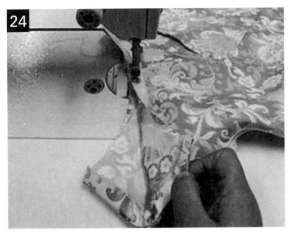

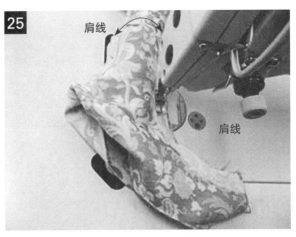

24 将衣片袖窿与贴边袖窿正面相对，从肩口处将前衣片袖窿正面与前贴边袖窿正面对叠拉出，缉袖窿线。

25 从肩口缉缝袖窿线。

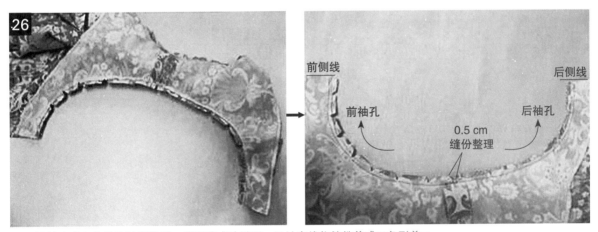

26 缉缝贴边和衣片的袖窿线后，缝份剪成阶梯形，沿袖窿线将缝份剪成三角形剪口。

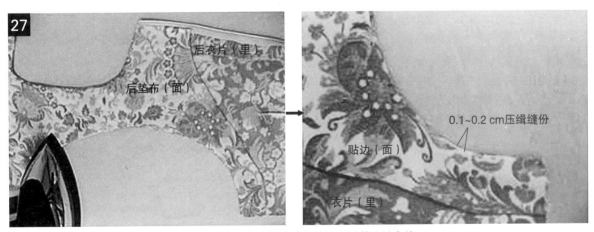

27 翻折袖窿，在贴边止口缉(0.1~0.2 cm)止口线，固定缝份，烫平并整理袖窿线。

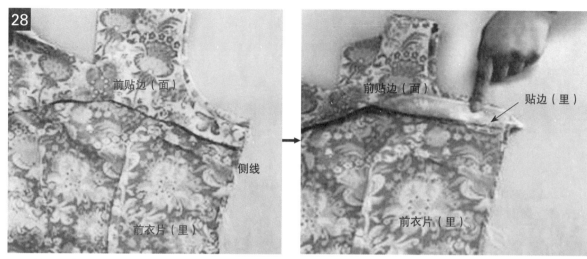

28 前、后贴边正面与正面相对，前后衣片正面与正面相对。

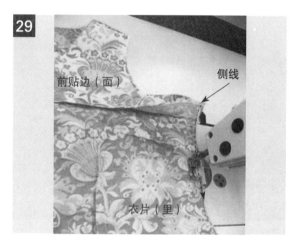

29 缉合贴边与衣片侧缝。

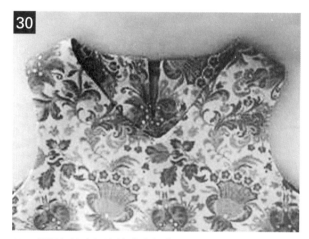

30 领圈与袖窿相连的贴边完成图。

PART_ **12**

门　襟

1. 贴边门襟

1）贴边门襟A(有线迹的门襟)

有线迹的贴边门襟

练习准备

附录2 page 65　▶ 前贴边纸板

附录2 page 66　▶ 前衣片纸板

附录2 page 67　▶ 后衣片纸板

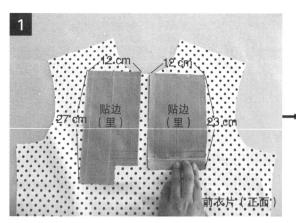

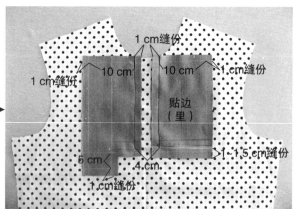

1　裁剪门襟贴边、衣片后，如图所示，将衣片的正面与门襟贴边正面相对，缉合成∏形。

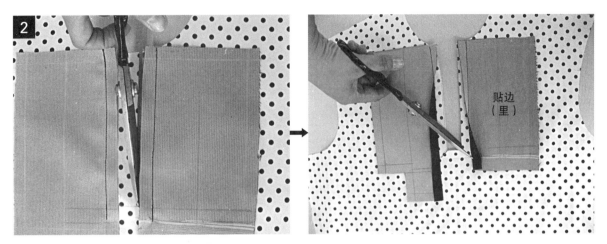

2　除沿边缉合后的缝份，余下的前襟剪成山形。

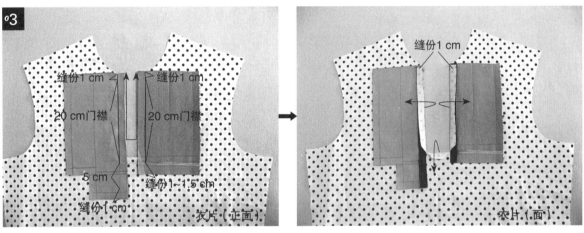

3　门襟缝份向衣片方向折烫1 cm。

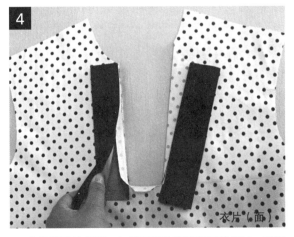

4　将门襟贴边折半，与前门襟的宽度和形状相同，熨烫
　整理。

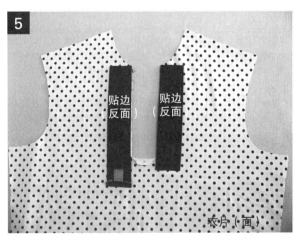

5　前门襟贴边整烫后的效果图。

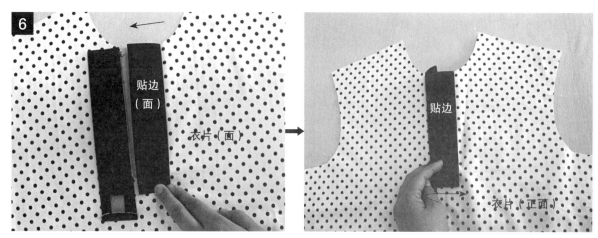

6 将整烫后的两个贴边对折在一起，检查宽度、形状是否与门襟一致。

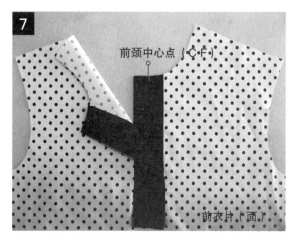

7 完成检查后，在两个门襟贴边的前颈中心点标上记号。

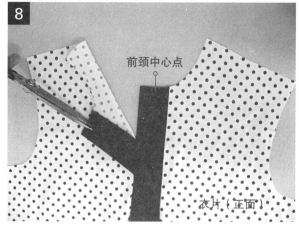

8 在门襟贴边中心点的缝份上开1 cm剪口。

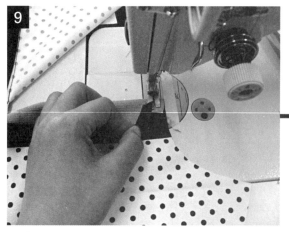

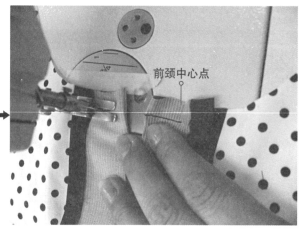

9 将领口缝份正面与正面相对，翻折后缉至前颈中心点。

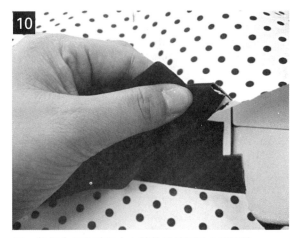

10　将缉合后的前颈中心缝份折转烫平之后翻转。

11　翻转后的前颈中心效果图。

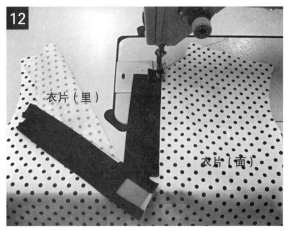

12　贴边宽度与形状较对后在正面将右贴边缉合。

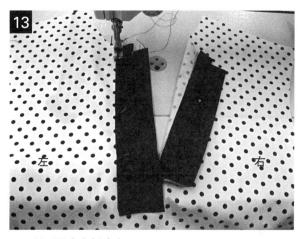

13　然后缉合左侧贴边。

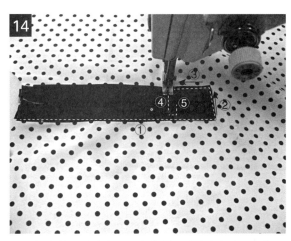

14　将左侧门襟贴边放置在右侧门襟贴边上方，沿如图
　　所示的虚线缉明线。

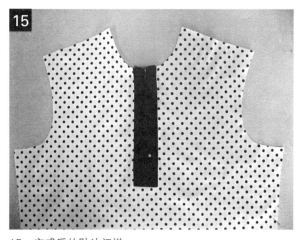

15　完成后的贴边门襟。

2）贴边门襟B

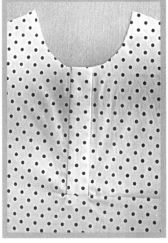

没有线迹的贴边门襟

练习准备

附录2 page 68 ▶ 前贴边门襟纸板
附录2 page 69 ▶ 前片纸板
附录2 page 70 ▶ 后片纸板

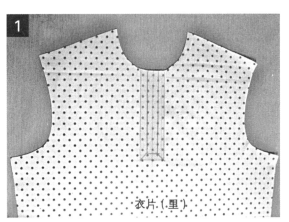

1 在前中心衣片反面，门襟的长与宽各加1 cm黏合衬。

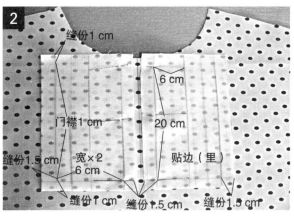

缝份1 cm
6 cm
门襟1 cm
20 cm
贴边（里）
缝份1.5 cm
宽×2
6 cm
缝份1 cm
缝份1.5 cm
缝份1.5 cm

2 准备门襟贴边。

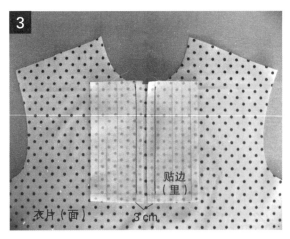

贴边（里）
衣片（面）
3 cm

3 左、右贴边正面与衣片正面相对，按门襟长度准确缉缝。

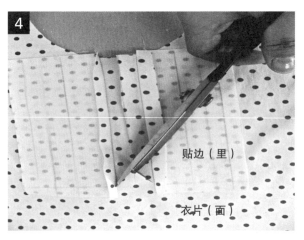

贴边（里）
衣片（面）

4 在衣片门襟部位开Y形剪口。

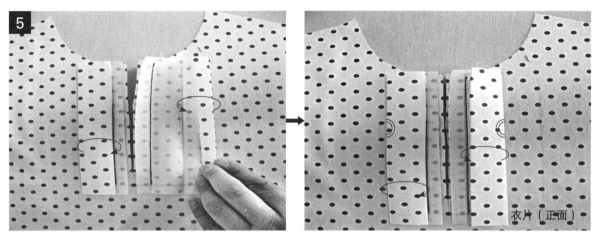

5 按照门襟的宽度将贴边缝份翻折，然后将门襟贴边烫熨整理。

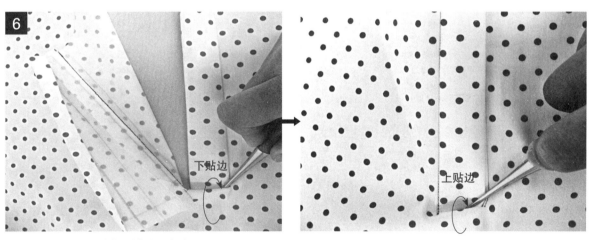

6 从Y型门襟开口处将门襟放入衣片反面。

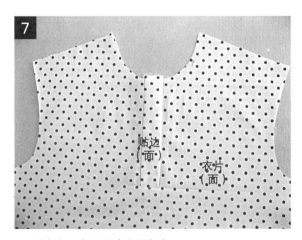

7 对齐左、右门襟贴边的宽度。

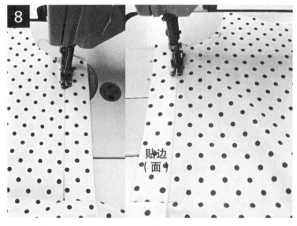

8 沿贴边与衣身的缝缉线缉缝，针迹不能外露。

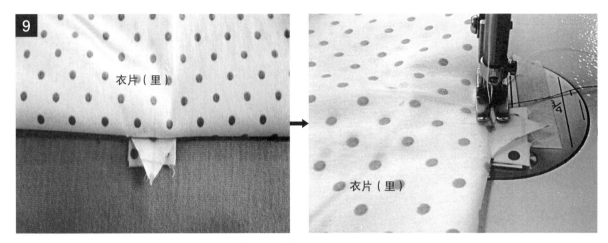

9　衣片反面门襟贴边底部与Y形三角部分对齐整理后缉缝。

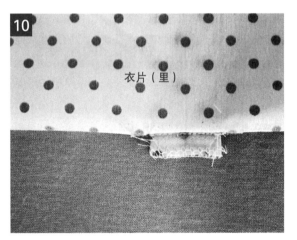

10　门襟贴边底部作拷边处理，或用斜条布滚包处理。

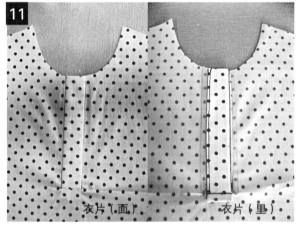

11　完成后的门襟正面与反面效果图。

2. 明门襟

1）门襟A

※使用不区分正、反面的衣料处理的明门襟。

练习准备

附录2 page 71
▶ 使用前衣片纸样

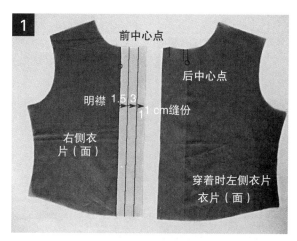

1 在右侧衣片正面门襟部分贴黏合衬，左侧衣片反面门襟部分贴黏合衬。

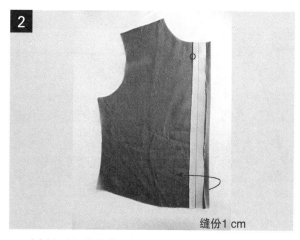

2 右侧衣片门襟缝份向衣片方向折烫1 cm。

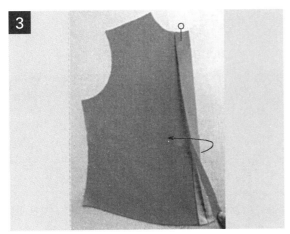

3　再将门襟向衣片正面折烫出门襟宽3 cm。

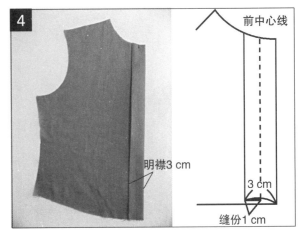

4　折烫后的门襟图。

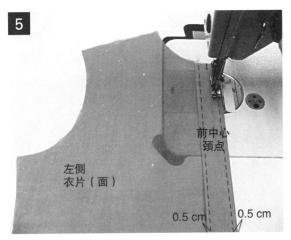

5　在成形门襟两侧缉缝0.5 cm止口线。

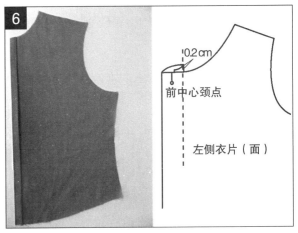

6　将左侧衣片门襟缝份向内折烫1 cm后，再如图向内折烫3 cm。

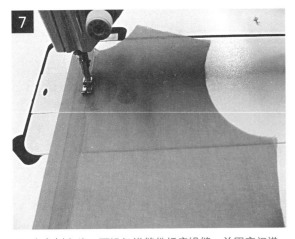

7　在左侧衣片正面沿门襟缝份折痕缉缝，并固定门襟。

8　完成后的左、右衣片图。

2）门襟B（包门襟）

※衣片与门襟纹路方向或用料不同的设计时采用的门襟。

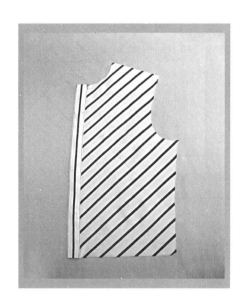

练习准备

附录2 page 72
▶ 使用前衣片明襟纸样

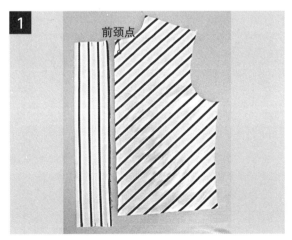

1 门襟贴边竖纹，衣片斜纹方向裁剪。

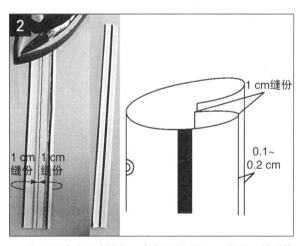

2 将门襟贴边黏贴衬布，贴边两边折烫1 cm缝份，然后按门襟宽度再对折并熨烫整理。注意下层比上层略宽出0.1~0.2 cm。

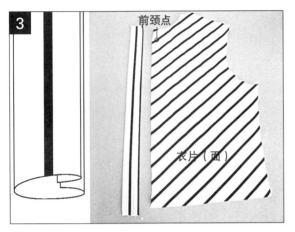

3　折叠、整烫后的明门襟。

4　门襟正面与衣片正面相对,对准前颈点后，将门襟与衣片
缝合。

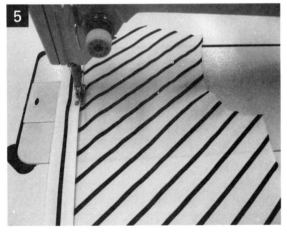

5　翻转门襟将缝份包住，在衣片正面沿缉缝线缉
0.2 cm止口线。

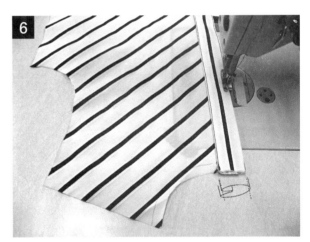

6　在门襟外侧缉缝0.2 cm止口装饰线。

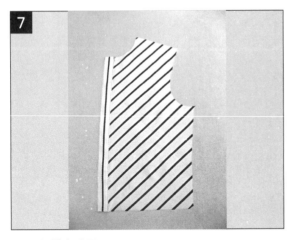

7　明门襟完成图。

3）门襟C

※保留布料图案设计的一种连衣片门襟。

练习准备

附录2 Page 73
▶ 使用前衣片明门襟纸样

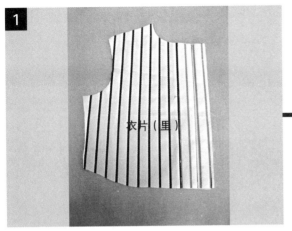

1　按明襟宽度黏贴衬布。

※ 考虑条纹间距而决定门襟的宽度，门襟完成时要衣片与门襟纹路间距相吻合，而决定明门襟的宽度和缝制方法。

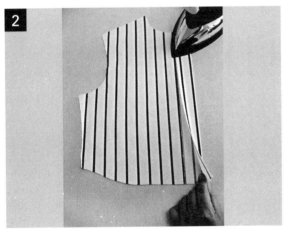

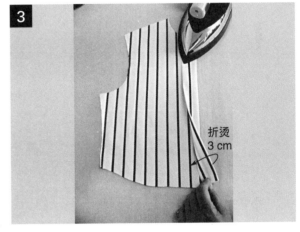

2　将宽3 cm门襟折转烫平。

3　将烫平的3 cm宽门襟沿一边再折转烫平。

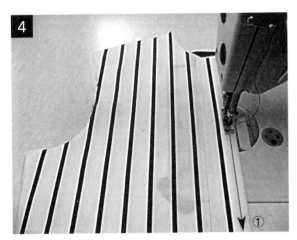

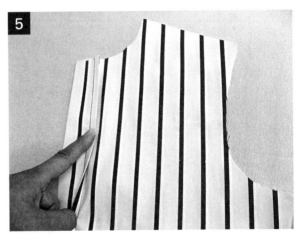

4　两次折转烫平后，距门襟边缘0.5 cm缉明线。

5　将门襟向正面翻折。

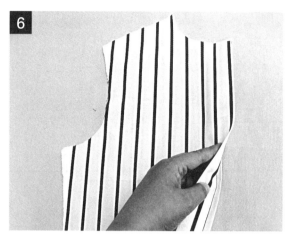

6　缉0.5 cm明线后的门襟反面图。

7　门襟外端缉宽0.5 cm明线。

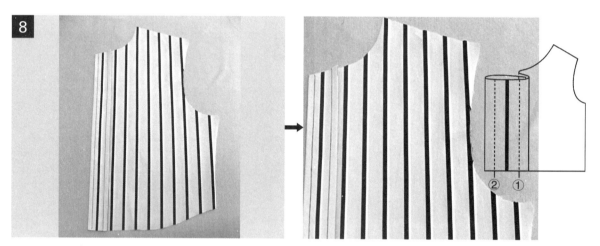

8　明门襟完成图。

3. 暗门襟

练习准备

附录2 Page 74

▶ 使用前衣片前襟纸板

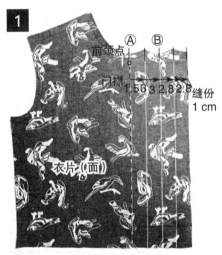

1　以衣片门襟宽的4倍裁剪面料。

2　将门襟折叠烫平。

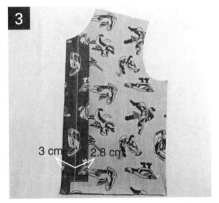

3　为减少衣片底端缝份厚度，修剪并整理底部缝份。

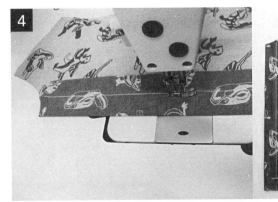

4　将门襟与衣片沿缉合线缉缝。

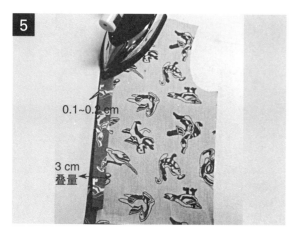

0.1~0.2 cm

3 cm
叠量

5　将缉合后的暗门襟折叠烫平。

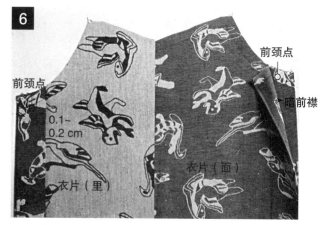

前颈点

0.1~
0.2 cm

衣片（里）

前颈点

暗前襟

衣片（面）

6　缉合后暗门襟的正面与反面图。

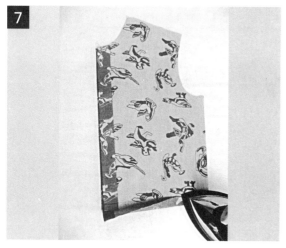

7　底端向内折烫，缉缝。

8　暗门襟完成图。

4. 挂面

1）挂面A(拷边处理方法)

※挂面边缘拷边处理后折边缉合方法。

正面　　　　　　　　反面

练习准备

附录2 page 75
▶ 使用前衣片贴布纸样

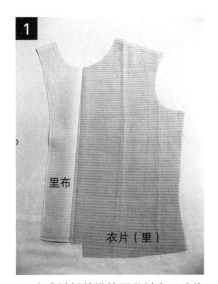

里布

衣片（里）

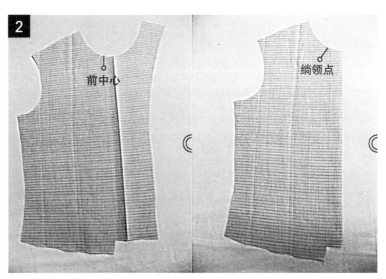

前中心

绱领点

1　女式衬衫前襟挂面黏衬布，边缘
　　作拷边处理。

2　将门襟以对折线折烫。

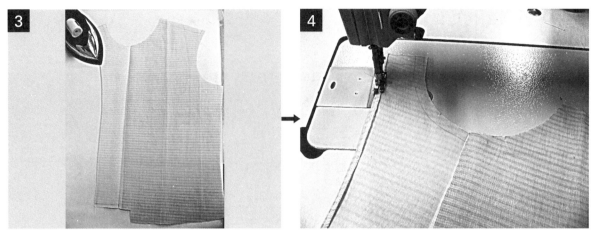

3　将拷边部分折0.5~0.7 cm并整烫。

4　将折烫的拷边缝份缉缝。

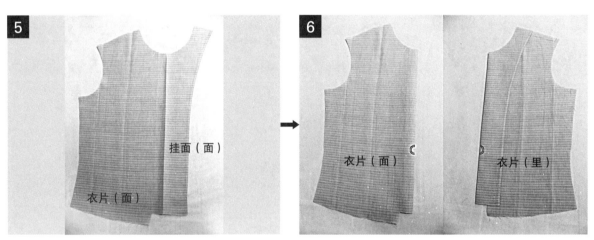

5　沿拷边缉缝后的挂面正面图。

6　挂面完成后的正面与反面图。

2）挂面B（黏合衬与挂面折光后缉缝处理方法）

※ 准备大小与挂面相同的衬布，与挂面边正面和正面相对缉合黏贴，挂面边缘无拷边或缉缝处理。

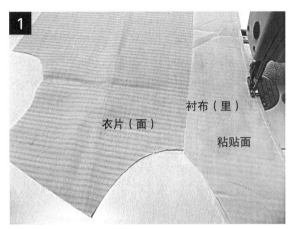

1　挂面正面与衬布正面相对，距边缘0.5 cm缉缝。

2　将衬布向外翻折，与缝份一起缉压止口线。

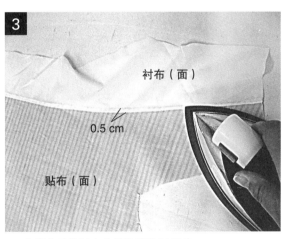

3　将缉合后的衬布在缝份端临时固定。

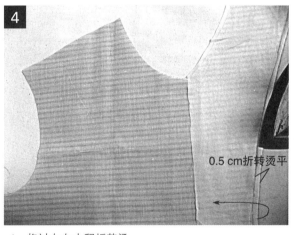

4　将衬布向内翻折整烫。

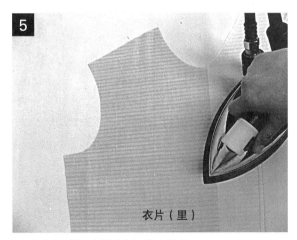

5　将翻折熨烫后的衬布与挂面粘合。

6　挂面与衬布黏合图。

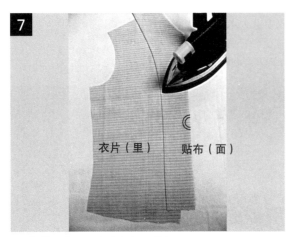

7　将挂面向衣片方向翻折，整烫。

8　完成后的挂面正面图。

PART_ 13

后 开 衩

1. 有衬里的开衩

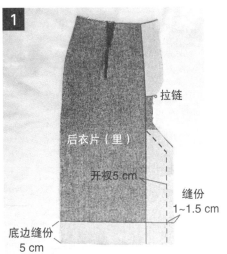

拉链

后衣片（里）

开衩5 cm

缝份
1~1.5 cm

底边缝份
5 cm

1 将裙子后衣片后开衩与底边缝份部分
贴黏合衬。

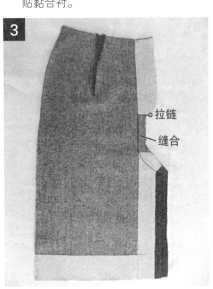

缝份1.5 cm

2 将后衣片反面右侧的衩口缝份
折转烫平。

拉链

缝合

3 从装拉链的底端到开衩口缝份沿后
中心线缝合。

0.5 cm

反衣片（里）

后中心线

4 将拉链底端2~3 cm处上方缝份打剪
口，并分缝烫平。

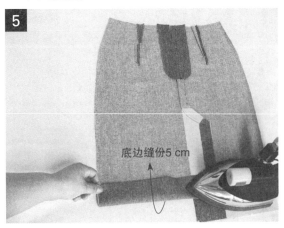

底边缝份5 cm

5 将衣片反面左侧下端的缝份折烫。

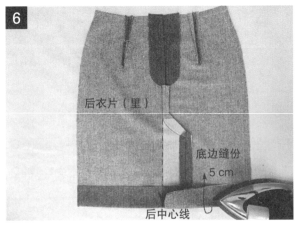

后衣片（里）

底边缝份
5 cm

后中心线

6 将衣片反面右侧底边的缝份向上折烫。

7 下端缝份折烫后如图所示。

8 将左侧衩翻开(分衩)。

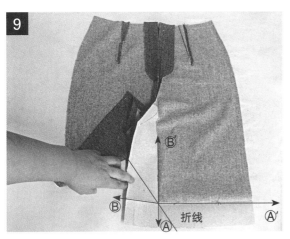

9 折烫后的右侧开衩翻开缝份。

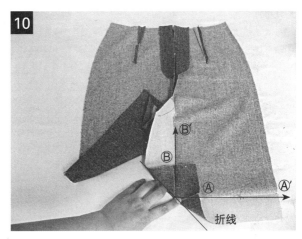

10 翻开的开衩与底边缝份相对的点为基点,斜线折叠。

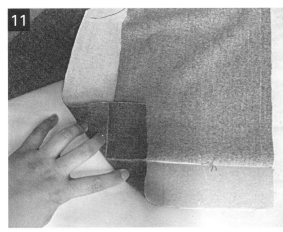

11 使各衩折痕,底边折痕各自分别对齐,进行折叠。

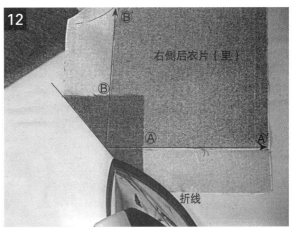

12 按折好的斜线熨烫整理。

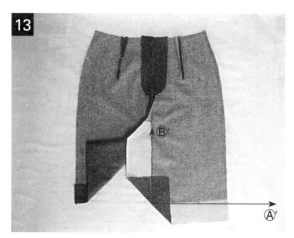

13　整烫后的效果图。

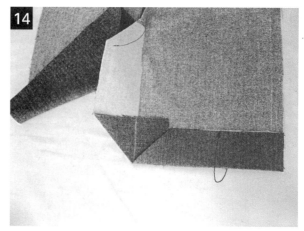

14　将底边翻折烫平。

15　将开衩缝份翻折烫平。

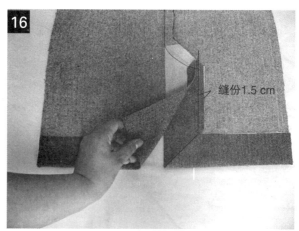

缝份1.5 cm

16　开衩缝份向内翻折烫平后，右侧衣片底边效果图。

后衣片（面）

17　开衩缝份翻折烫平后右侧衣片正面底边效果图。

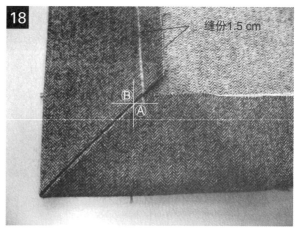

缝份1.5 cm

18　翻折烫平的右侧反面底边从正面翻开。

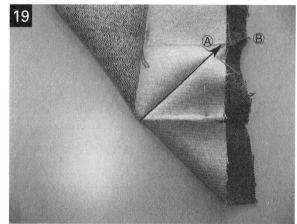

19　将翻折烫平的斜线正面对正面并用大头针固定。

20　沿固定后的斜线缉缝。

21　缉缝后的斜线留1 cm缝份以修剪整理。

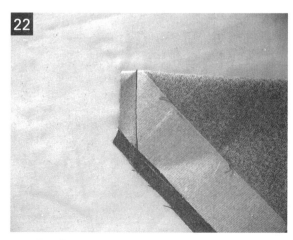

22　整理缝份后的开衩角。

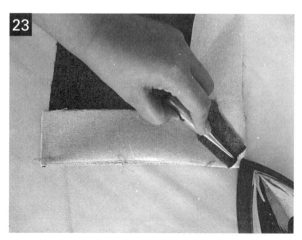

23　将开衩角缝份分缝烫平。

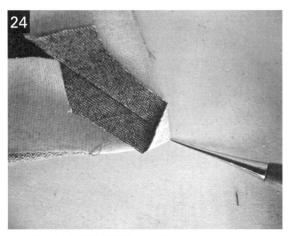

24 将开衩角用锥子轻推至正面。

25 将开衩翻折后的正面图。

26 将另一侧底边缝份折过来。

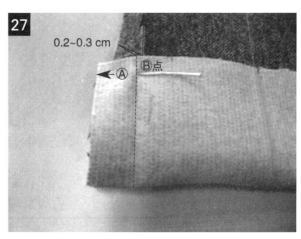

0.2~0.3 cm

Ⓐ　Ⓑ点

27 将底边缝份正面对正面用大头针固定。这时要偏离缉缝线向外侧放置0.2~0.3 cm，底边缝份用大头针固定。

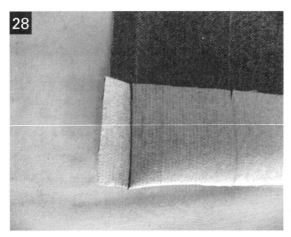

28 将底边缝份离缉缝线偏外0.2~0.3 cm处用斜线缉缝。

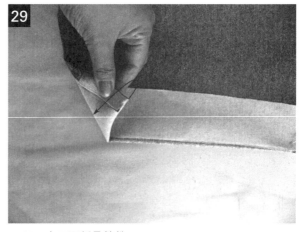

29 向正面折叠缝份。

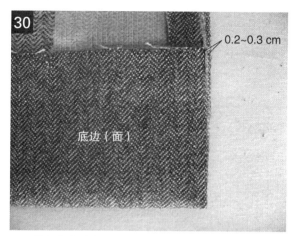

0.2~0.3 cm

底边（面）

30　缝角翻出后的视图。

31　左、右开衩角的正面图。

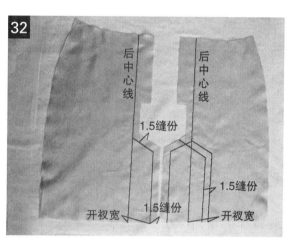

后中心线

后中心线

1.5缝份

1.5缝份

1.5缝份

开衩宽

开衩宽

32　准备后衣片里布。

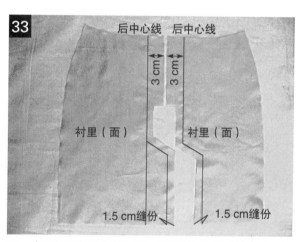

后中心线　后中心线

3 cm　3 cm

衬里（面）　衬里（面）

1.5 cm缝份　1.5 cm缝份

33　在开衩翻折的右侧反面，按开衩的宽度剪掉衣片，并准备里布。

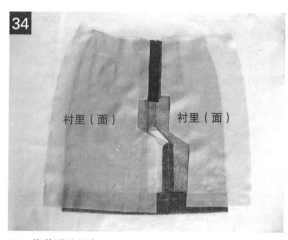

衬里（面）　衬里（面）

34　修剪后的里布。

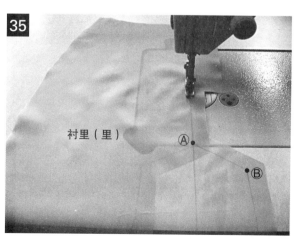

衬里（里）

Ⓐ

Ⓑ

35　从拉链安装末端向开衩开始的Ⓐ点缉缝。

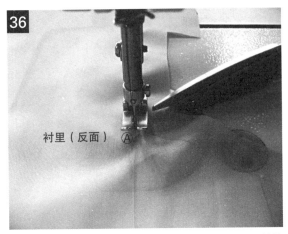

36 准确缉缝开衩起始Ⓐ点后，抬压脚在衬里开衩缝份角开剪口，一直剪到角根。

衬里（反面）Ⓐ

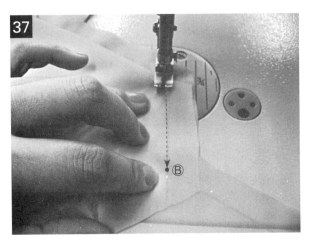

37 拉转上层里布，使其与下层里布缝份对齐，放下压脚并缉缝上端斜线。

Ⓑ

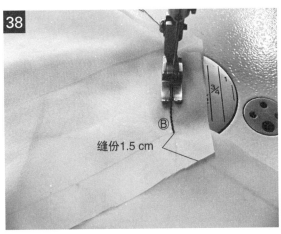

38 开衩上端斜线缉缝的效果图。

缝份1.5 cm
Ⓑ

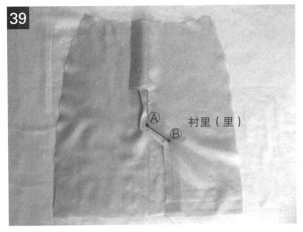

39 缝合后开衩里布两边。

Ⓐ
Ⓑ
衬里（里）

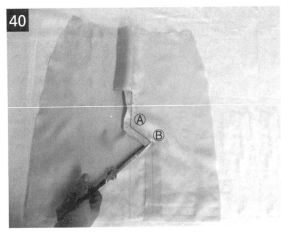

40 将开衩右侧角开剪口。

Ⓐ
Ⓑ

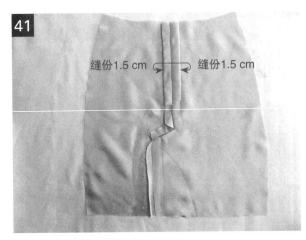

41 将里布缝份分缝烫平。

缝份1.5 cm   缝份1.5 cm

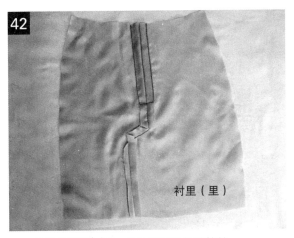

衬里（里）

42 拉链缝份缉凵形，并整理衬里拉链缝份。

衬里（面）

43 缝好开衩的里布(反面)和衣片(反面)相对。

44 将里布和衣片的开衩线用撩针或拱针固定，也可机
缝整理。

2. 对开衩

练习准备

附录2 page 78
► 使用紧身裙后衣片纸板

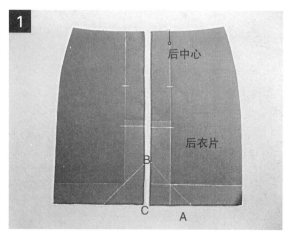

1 将（对）开衩位置和底部贴粘合衬备用。

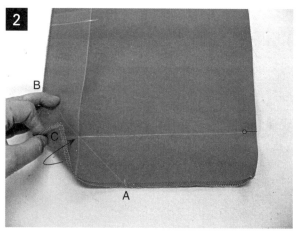

2 沿A和B两点斜线折烫。

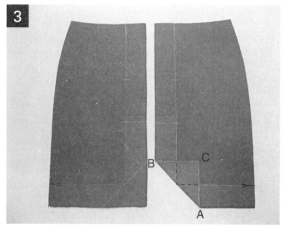

3 沿A和B两点折烫的效果图。

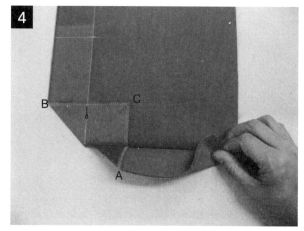

4 底部翻折使A点与C点重合并烫平。

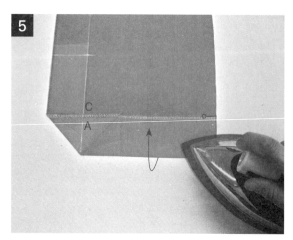

5 底部翻折烫平后效果图。

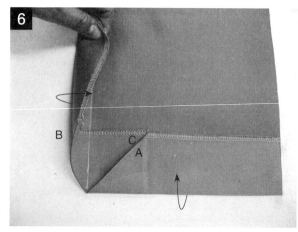

6 对准B点与C点，沿开衩线翻折烫平。

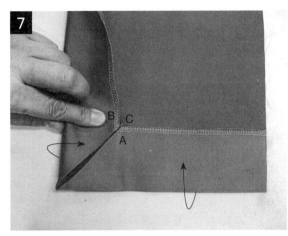

7　对准A、B、C三点，翻折烫平后的效果图。

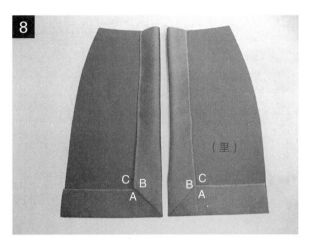

8　左、右对开衩部份翻折烫平后的效果图。

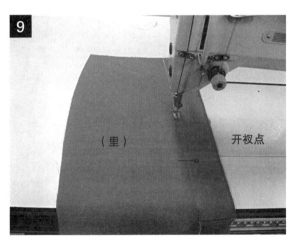

9　沿后中心线缉合至开衩点，分缝烫平。

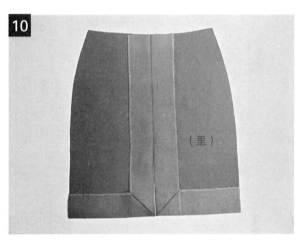

10　分缝烫平后的衣片反面图。

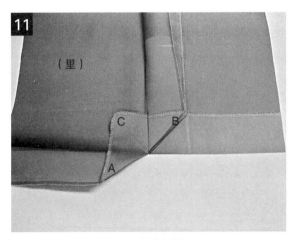

11　翻开斜线烫平的开衩底端部份。

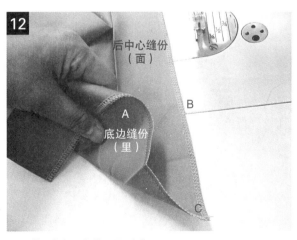

12　将A点与B点的正面对准。

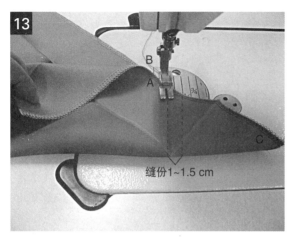

13 对准A、B两点后沿斜线缉缝。

14 沿缉线留1cm缝份并修剪。

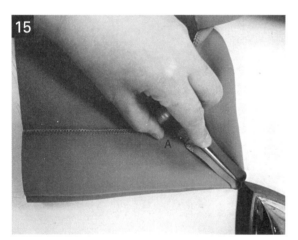

15 用锥子顶住缝角，将缝头分缝烫平。

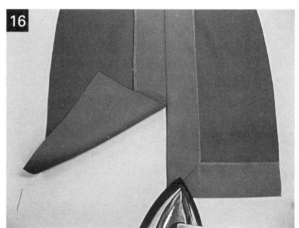

16 将开衩角翻转熨烫整理。

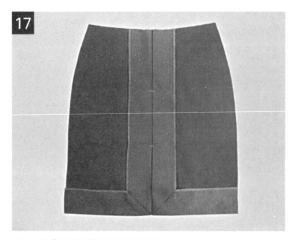

17 完成后的对开衩（反面）。

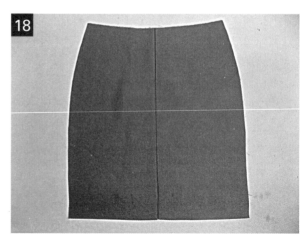

18 完成后的对开衩(正面)。

PART_ **14**

装 腰 头

1. 直腰头

1) 黏合衬直腰头

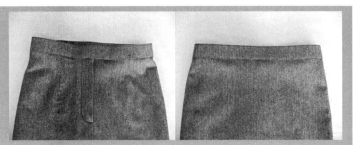

练习准备

附录2 Page 79 ▶ 直腰头纸板

附录2 Page 80 ▶ 使用紧身裙,前衣片纸板

附录2 Page 81 ▶ 使用紧身裙,后衣片纸板

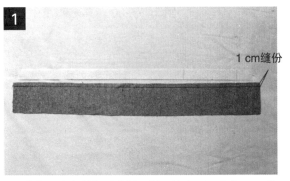
1 cm缝份

1 准备腰头布料与黏合衬面料,并在反面画出1 cm缝份线。

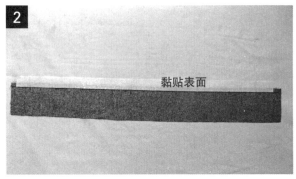
黏贴表面

2 在画线上方放置腰头黏合衬,且黏贴面在上方。

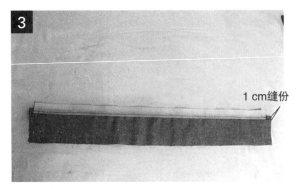
1 cm缝份

3 缉合腰头布和黏合衬。

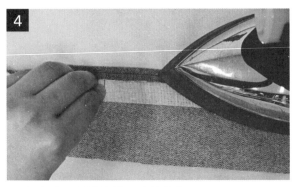

4 缉合后的黏合衬折向腰头并黏贴。

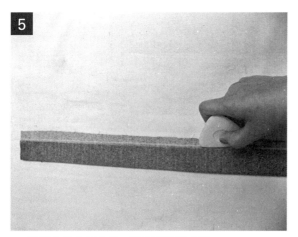

5　沿腰头黏合衬底线，画出腰头缉合线。

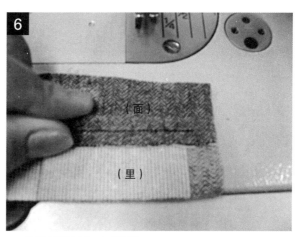

（面）

（里）

6　将腰头两侧向正面翻折。

缝份1 cm

7　腰头两端对准缝份线缉缝。

缝份1 cm

8　缉合后的腰头两端缝份折向腰头正面并翻转。

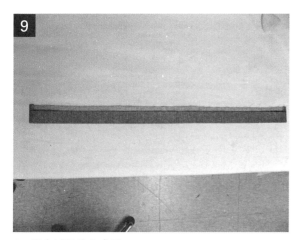

9　黏合衬腰头完成图。

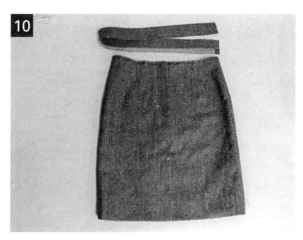

10　准备好腰头和衣片。

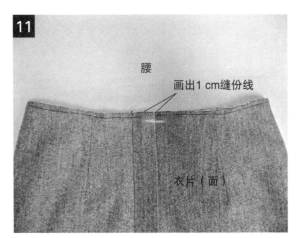

11　将衣片后中心线与腰头的安装位置对齐。

12　将腰头正面与衣片反面相对。

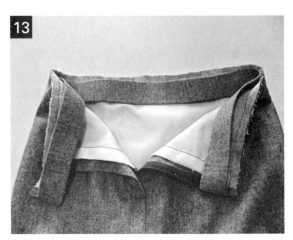

13　腰头与衣片的缉缝图。

14　腰头翻向正面，并确认腰头重叠部分与缉合线是否吻合。

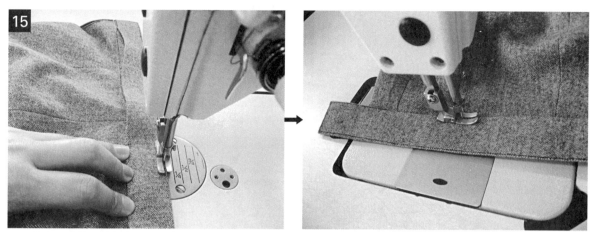

15 翻向正面的腰头与衣片如图中的顺序缉缝。

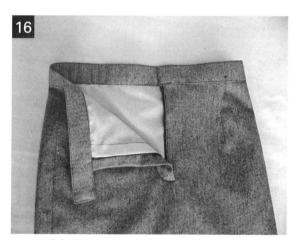

16 腰头安装图。

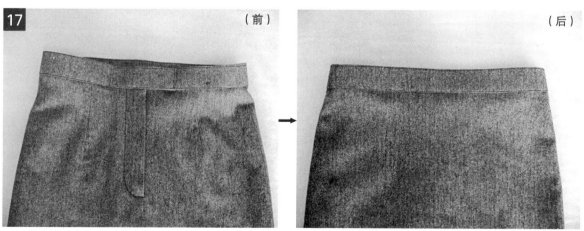

（前）　　　　　　　（后）

17 黏合衬腰头安装完成图。

※ 多用于休闲装，一般放上面的腰头稍长一些。

2) 非黏性衬直腰头

练习准备

附录2 page 79 ▶ 使用直腰头纸样
附录2 page 80 ▶ 使用紧身裙前衣片纸板
附录2 page 81 ▶ 使用紧身裙后衣片纸板

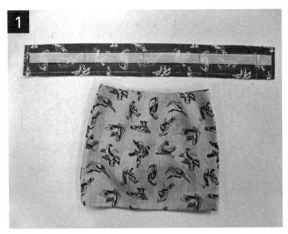

1 备好衣片与非黏性衬腰头。

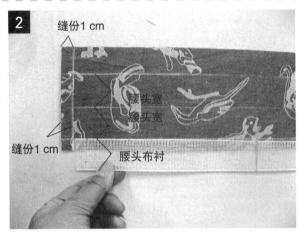

2 在腰头布料反面1 cm宽的缝份上放置非黏性衬布。

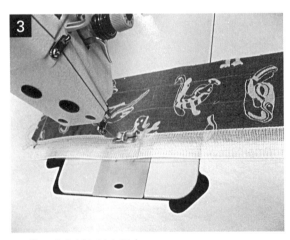

3 将腰头布料与衬布缉合。

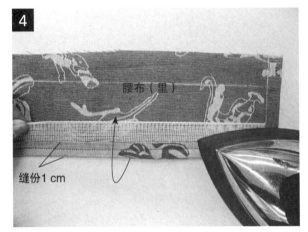

4 将缉合后的腰头1 cm宽缝份折向腰头布料反面，烫平。

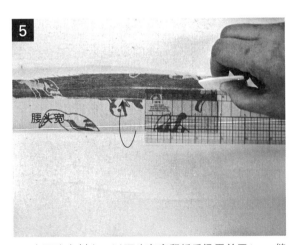

5 在腰头布料上，以腰头宽度翻折后烫平并画1 cm缝份。

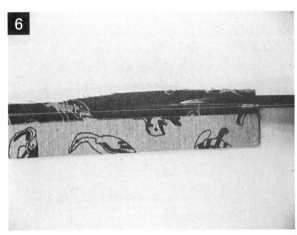

6 将腰头布料留1 cm缝份，修剪多余缝份，整理腰头布料。

7　后中心腰线与腰头位置对准后作标记。

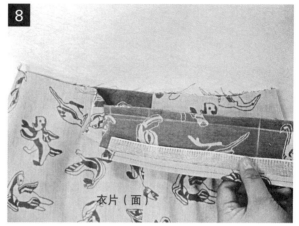

8　将衣片(正面)与腰头(正面)相对缉合。

9　腰头缉合后图。

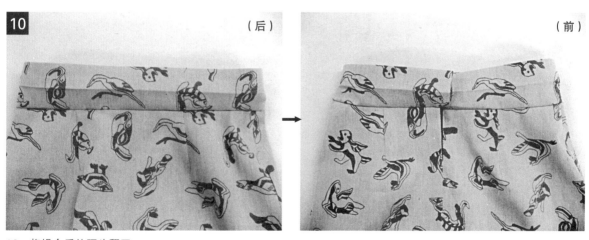

10　将缉合后的腰头翻开。

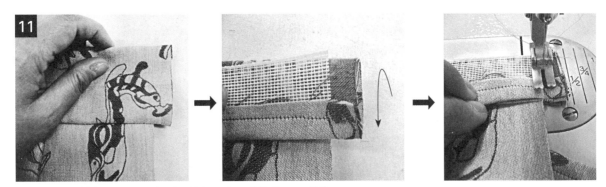

11 将腰头布料正面与正面相对，并将腰头一端缉缝1 cm缝份。

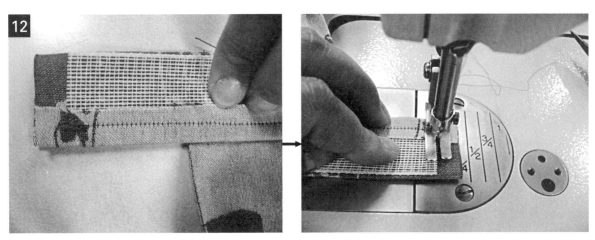

12 缉合腰头另一端。

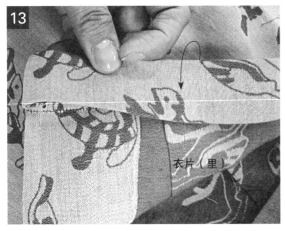

衣片（里）

13 两端缝头缉合后，将腰头向衣片反面方向翻折。

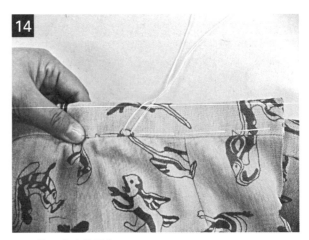

14 将腰头疏缝固定。

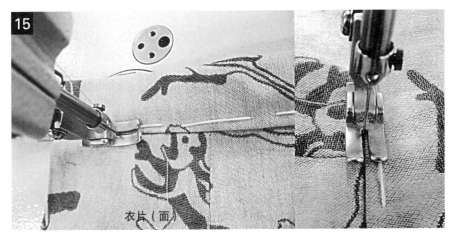

衣片（面）

15　衣片正面沿装腰缉线缉缝固定腰头。

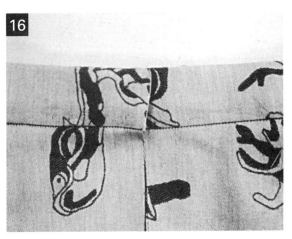

16　沿装腰线缉缝后的效果图。

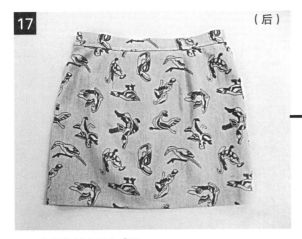

（后）　　　　　　　　（前）

17　非黏性衬直腰完成图。

※ 多用于正装类服装，一般放下面的腰头端略长一些，上面的腰头与拉链对齐。

2. 圆型腰头

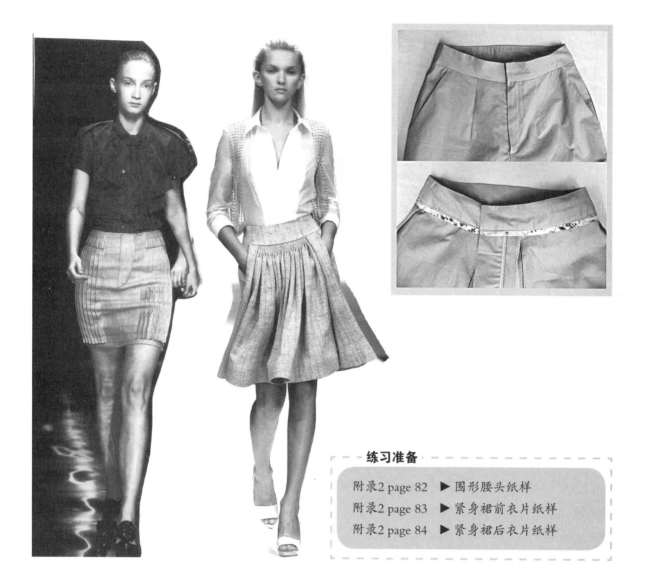

练习准备

附录2 page 82 ▶ 围形腰头纸样

附录2 page 83 ▶ 紧身裙前衣片纸样

附录2 page 84 ▶ 紧身裙后衣片纸样

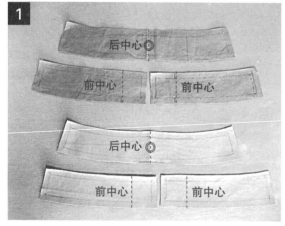

1　裁剪圆腰腰面、腰里裁片，腰里反面贴黏合衬，衬布按服装的种类可以变化。

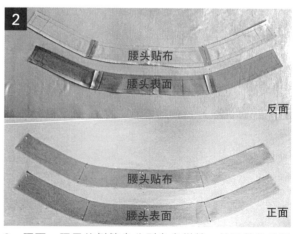

2　腰面、腰里的侧缝先分别自身拼缝，然后缝份分烫处理。

3　腰里底部用斜条布滚包缝。

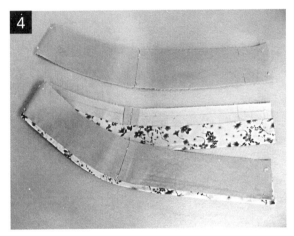

4　准备好的腰面、腰里。

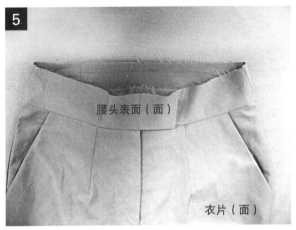

5　腰面正面与衣片正面相对，对准腰线前中心线、侧缝线、后中心线，沿腰线缉缝腰面与衣片，缝合后如图所示整烫腰面。

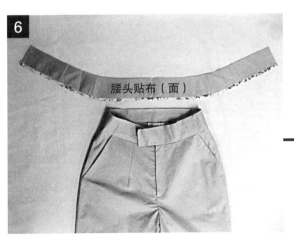

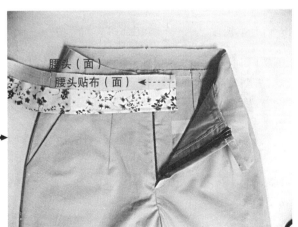

6　腰里与腰面正面相对，沿腰口线缉合。

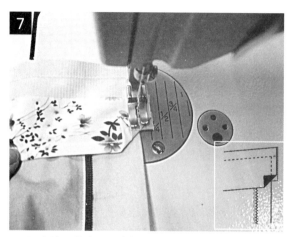

7 腰头处已滚边的里布缝份折起一个小角再缉缝。

8 折叠缝份。

9 捏住腰头两端缝份用锥子推出腰头棱角。

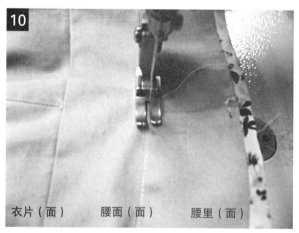

衣片（面）　　　腰面（面）　　　腰里（面）

10 腰面与腰里拼合后，在腰里正面沿腰口线缉缝 0.1 cm止口线，使其与反面的缝份固定在一起。

11 整烫腰口线，确保腰里不外露。

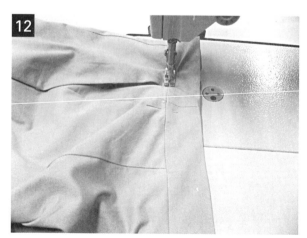

12 沿装腰线缉缝，固定腰里。

3. 松紧腰头

练习准备

附录2 Page 85
▶ 裙子纸样

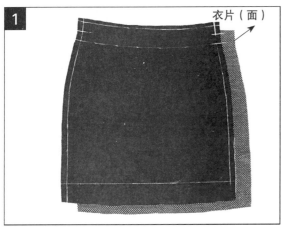

衣片（面）

1 准备衣片。
  腰缝份：按松紧带宽度×2+松量(带子厚度)+缝份（1 cm）来准备

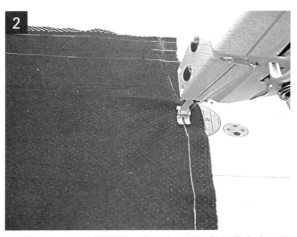

2 缉合衣片两端侧缝线。除腰线一侧留松紧带宽度以外其余都缉合。

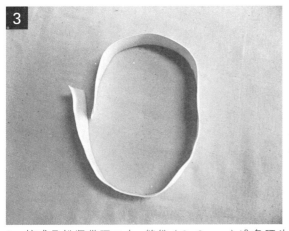

3 按成品松紧带腰口大+缝份（2~3 cm）准备腰头面料。

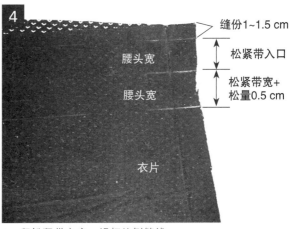

缝份1~1.5 cm

松紧带入口

腰头宽

松紧带宽+
松量0.5 cm

腰头宽

衣片

4 留松紧带宽度，缉好的侧缝线。

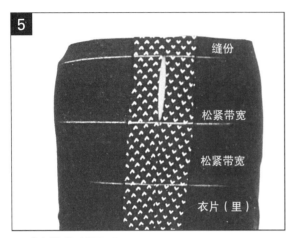

5 将侧缝线分缝烫平。

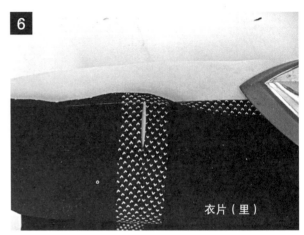

6 将缝份与松紧带宽翻折、烫平。

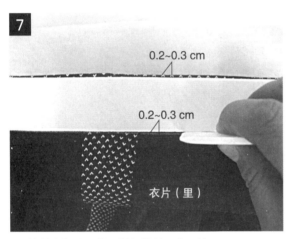

7 缝份翻折后，放置松紧带并画出腰线。

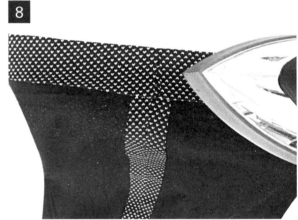

8 沿画出的腰线，烫平。

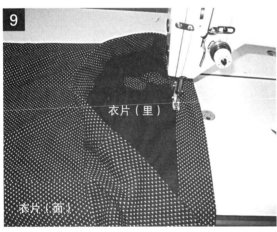

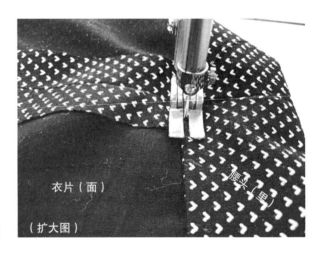

9 在衣片反面沿腰线一周缉0.2~0.3 cm止口线。

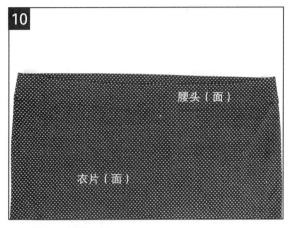

10　缉合后的腰口图。

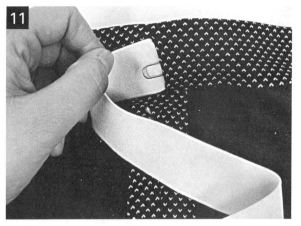

11　用卡子或别针将松紧带插入腰口中。

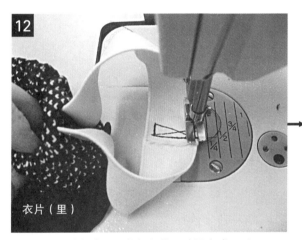

12　从腰口中拉出后，将松紧带两端缉合成圆形。

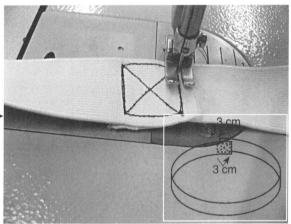

3 cm

3 cm

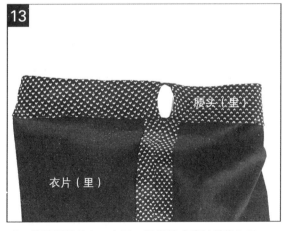

13　将松紧带放入口中后，用撩针或暗针封住入口。

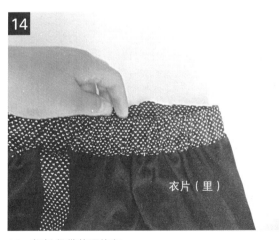

14　将松紧带整理均匀。

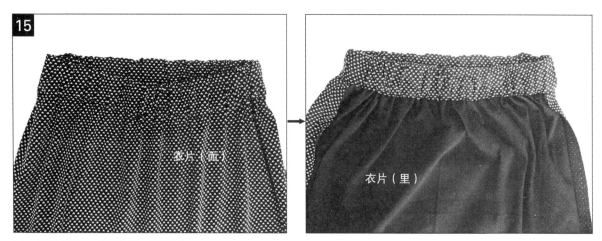

15 松紧腰头完成后的正、反面图。